U0088197

不用做實驗就能知道的趣味物理故事

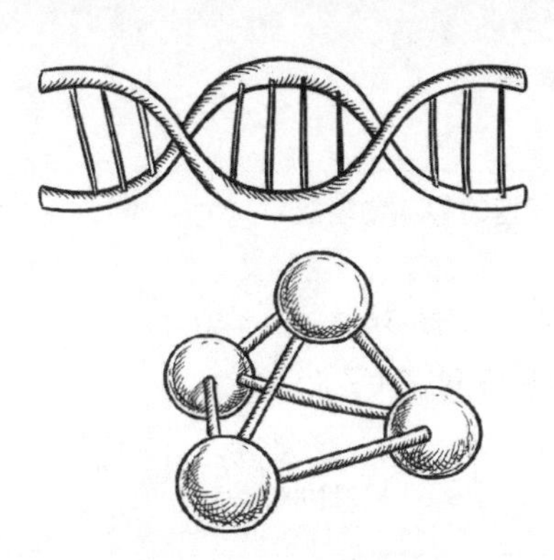

www.foreverbooks.com.tw
yungjiuh@ms45.hinet.net

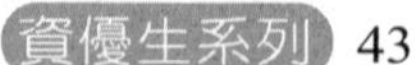

43

不用做實驗就能知道的趣味物理故事

編　著　陳俊彥
出 版 者　讀品文化事業有限公司
責任編輯　賴美君
封面設計　林鈺恆
美術編輯　鄭孝儀

總 經 銷　永續圖書有限公司
TEL ／(02)86473663
FAX ／(02)86473660
劃撥帳號　18669219
地　址　22103 新北市汐止區大同路三段 194 號 9 樓之 1
TEL ／(02)86473663
FAX ／(02)86473660
出 版 日　2021 年 03 月
法律顧問　方圓法律事務所　涂成樞律師

國家圖書館出版品預行編目資料

不用做實驗就能知道的趣味物理故事／
陳俊彥編著. --初版. --新北市 ： 讀品文化,
民 110.03　面； 公分. -- （資優生系列：43）
ISBN　978-986-453-141-7 (平裝)
1. 物理學　2. 通俗作品
330　110002095

前言

對於剛剛開始接觸物理的孩子來說，讓他們日夜研讀死板板的《物理史》、《量子力學》等專業書籍是無法引起他們的興趣的，讓他們死鑽物理課本中的各種定律、公式是殘忍的，讓他們為了考得好成績而瘋狂參加物理補習班是盲目的。

即使孩子不得不服從父母的安排，那結果也難免悲劇，因為這樣得來的知識都是死的、呆板的，孩子也無法體會到學習的樂趣和享受。事實上，物理知識就在我們身邊，孩子們應該在認知世界的過程中，認識物理、深入物理，並慢慢地喜歡上物理。

在這本書中，物理學彷彿脫胎換骨一般，變得十分生動有趣。書中的故事其實就發生在我們每一個人的生活裡，解讀這些日常現象背後的物理祕密，即是這本書的趣味所在。

相信讀完這本書之後，大家還會有這樣的感受：原來大千世界中處處離不開物理。而物理也不是一門枯燥的學問。作者希望透過書中這些有趣的故事，讓大家感受到物理世界的富饒與神祕，感受物理學家的激情與沉思，感受大自然中蘊含的智慧，並啟動大家的靈感和哲思，啟動大家的美感和詩意。

CONTENTS

前言 003

1 逃不掉的星球：萬有引力和重力

是什麼讓蘋果「親吻」牛頓 13
月亮為什麼沒掉下來..16
讓人忽高忽低的石板..19
「偷」魚的重力 23
驚悚刺激的「自由落體」 25
比薩斜塔上的對決 28

2 扯後腿的傢伙們：摩擦力和阻力

搗蛋的幽靈：摩擦力..33
滑溜溜的世界好恐怖..36
驚悚的天上掉餡餅事件..38
高空中落下的奇蹟..40
怎樣游泳速度最快 43

3 泡出來的真理：有關浮力的故事

曹沖的池塘和阿基米德的浴缸 47
死海不死的祕密 51
潛水艇和魚鰾的故事 54
鐵塊也想「水上漂」 57
尋找熱氣球中的浮力 59

4 無所不在的大氣壓力：水壓和氣壓的故事

拉不開的兩個半球 63
起義的二氧化碳 66
海底一萬公尺的壓力世界 69
比大象還可怕的高跟鞋 72

CONTENTS

5 撬起地球的妙計：槓桿的故事

阿基米德的狂言 77

四兩真能撥千斤 80

我們身體中的槓桿 84

6 「瘋跑」也得守規矩：牛頓三大定律

滿世界瘋跑的「力」......87

站在巨人肩膀上的牛頓......90

「墳墓怪事」中的力學祕密 93

你打了我還是我打了你......96

7 慣性帶你飛出地球去：物體的慣性

慣性是個什麼東西 101

挖出慣性的小祕密 104

跳車是有技巧的 107
撞碎牆面的「大力士」 110
尋找火箭的最佳發射地 113
生熟雞蛋跳芭蕾，誰的舞姿更美 115
慣性偷走了神父的腳印 117
植物大戰僵屍中的「慣性武器」 120

8 給物體加個力：速度的相關概念

世界罕見的「超快」與「巨慢」 123
能追上日月的神祕物體 126
「眨眼之間」都能做些什麼 128
環球旅行不要錢 131
徒手抓子彈，你也可以 134

9 手拉手，向前走：聲音傳播需要介質

能在宇宙中開演唱會嗎 137

CONTENTS

「枕戈待旦」中的聲學原理 139
預報天氣的教堂鐘聲 141
遭遇海難？再扔顆炸彈 143

10 聲音，你大膽地向前衝：與聲速有關的故事

漫長的對話 147
聲音快還是子彈快 149
衝破聲障的超音速飛機 152
聲音炸彈來襲 155
如果聲速下降了 158

11 聲音可以粉碎玻璃：聲波具有能量

到底是什麼擊碎了玻璃杯 161
聲音變小後，聲波去哪了 163
廚房能開音樂會 165
尋找最響的聲音 168

被風摧毀的大橋......170

共振讓和尚生了病......172

看不見的兇手......175

聽到路障的「蝙蝠俠」......178

傳遞消息的超音波......180

讓人歡喜讓人愁的雜訊......183

會拐彎的聲音：聲波的反射

回音讓石像復活......187

收集回音的怪人......190

聲音做的量尺......193

會說話的山洞......196

爆炸時，這裡一片寂靜......198

「海豚男孩」的定位絕技......201

CONTENTS

轉了又轉，回到原點：能量守恆定律

讓世界運行的動力之源——能量 205

地球的能量庫裝在宇宙中 208

工業革命有了新動力 210

摩托車的誕生 214

發現能量守恆的兩個「瘋子」 217

能量是個「變臉王」 219

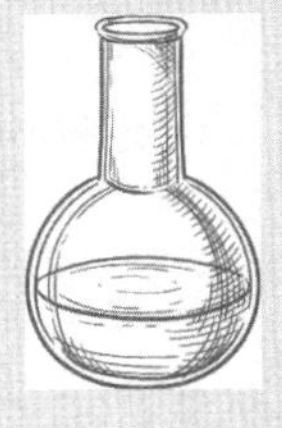

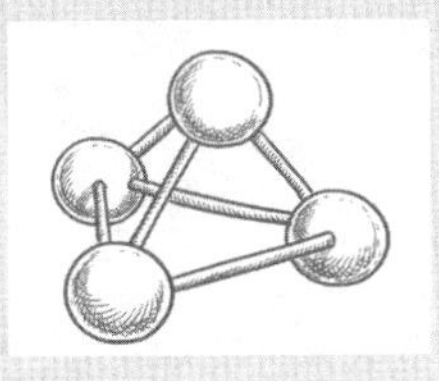

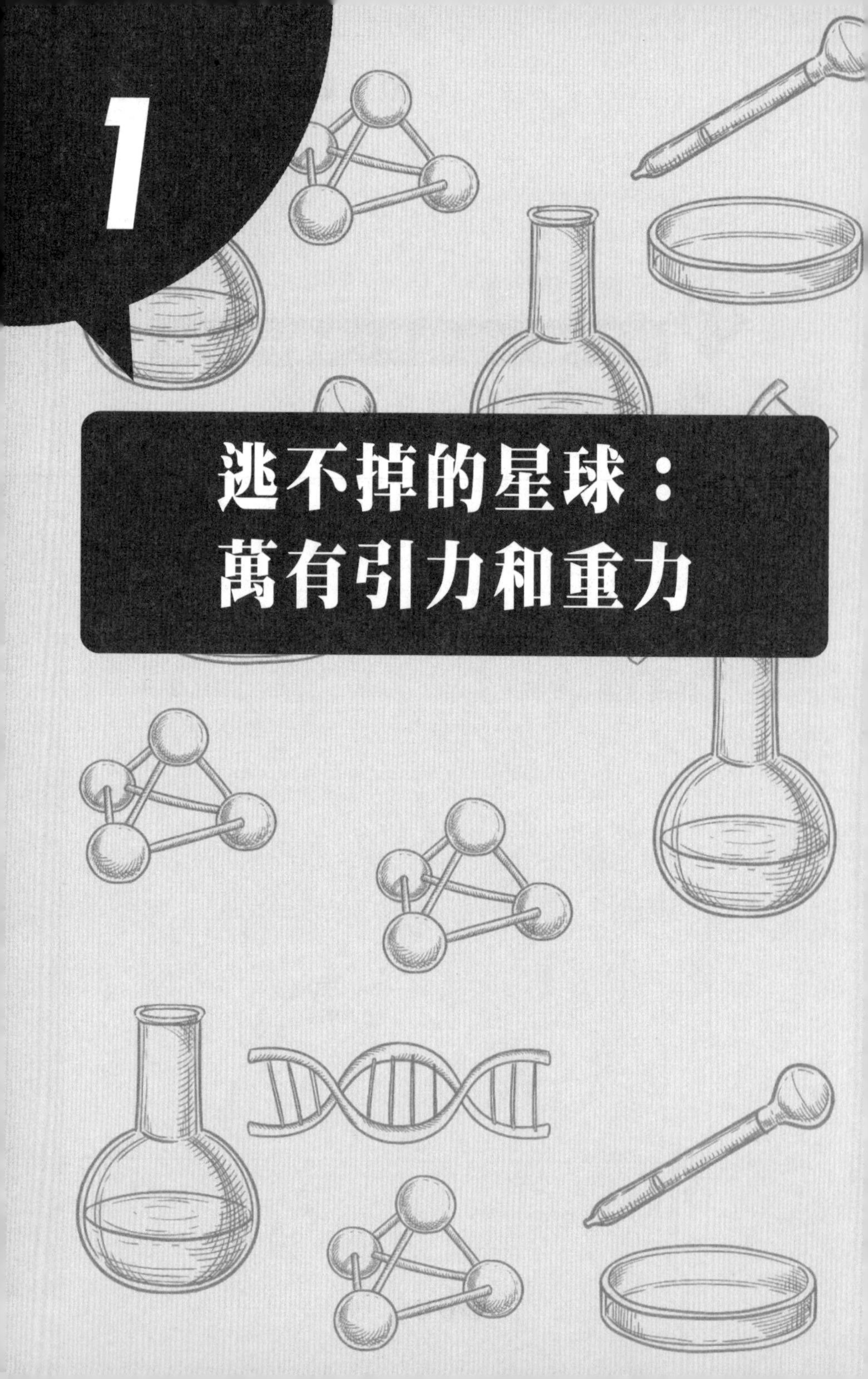

1

逃不掉的星球：萬有引力和重力

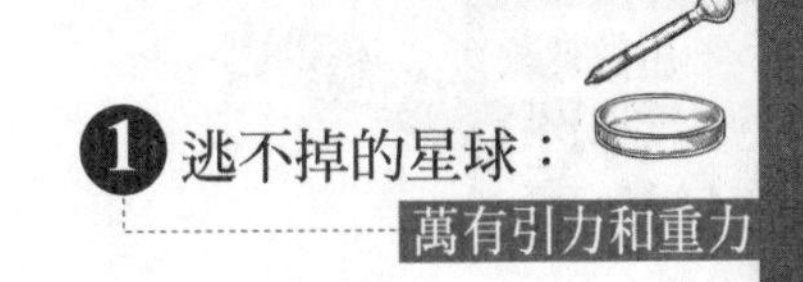

是什麼讓蘋果「親吻」牛頓

在1666年夏天的一個傍晚，在英格蘭林肯州一個叫做「烏爾斯索普」的小地方，一位年輕人走進了母親家的花園裡，他坐到了一棵蘋果樹下，開始埋頭讀書。

正當他翻動書頁的時候，頭上的樹枝開始晃動起來，終於，史上最著名的蘋果掉了下來，砸到了牛頓的頭上。牛頓心想：「這蘋果為什麼要垂直落到地上呢？為什麼不往天空中或者斜上方飛去呢？」冥思苦想之後，牛頓提出了「萬有引力定律」。

看到這裡，我們也許會認為牛頓發現「萬有引力定律」是一個偶然，覺得他真是一個幸運的傢伙。那顆蘋果如果砸到別人頭上，也許就是別人發現萬有引力了。

不過，歷史不能倒退，而且牛頓發現萬有引力也並不是偶然，而是機會找到了有準備的頭腦。在牛頓正式提出萬有引力之前，為了研究這個定律，年輕的牛頓已經花了整整7年的時間。

牛頓23歲的時候，一場可怕的瘟疫在倫敦蔓延著，為了防止學生受到傳染，劍橋大學讓學生全部回家休息。牛頓因此而回到了自己的家鄉。那時候，他最喜歡在傍晚的時候坐在家門口看孩子們做投石器的遊戲。這些孩子把一塊小石頭放進稍大的石器中，然後用力打轉，緊接著把石頭拋得遠遠。

但是石器裡面的小石子並不會被拋出來。有時候，孩子們也會突發奇想，把牛奶放進石器中，奇怪的是牛奶也不會灑出來。

「是什麼力量讓石子和牛奶都不飛出來的？」牛頓陷入了深深的思考中，他從日落想到了月亮、地球和茫茫的宇宙。他認為一定存在一種力讓這些物體待在固定的位置。此時他的頭腦中已經有了「引力」的萌芽。

那顆蘋果落地的時候，牛頓終於明白世間萬物都存在著引力，這種引力是「萬有」的，而蘋果落地就是因為地球對蘋果的引力。

經過仔細的計算和推測，牛頓提出了舉世聞名的「萬有引力定律」，奠定了理論天文學和力學的基礎，同時這個定律也徹底毀滅了天上地下不同的宗教思想，讓人類的思想有了一次質的飛躍！

蘋果真的「親吻」牛頓了嗎？

講到蘋果與牛頓的故事，大家聽到最多的版本一定是蘋果砸在了牛頓的頭上。但是學界卻對此持懷疑態度，有些人認為蘋果根本沒有砸到牛頓，甚至有人認為根本不存在蘋果落地這件事。

那麼事實的真相是什麼呢？牛頓的親朋好友所寫的傳記中都證實了蘋果落地的故事，不過這蘋果並沒有落到牛頓的頭上，而是在落地的過程中恰巧被牛頓看見了。不論事實如何，這顆蘋果都為「萬有引力定律」的提出做出了偉大的貢獻。

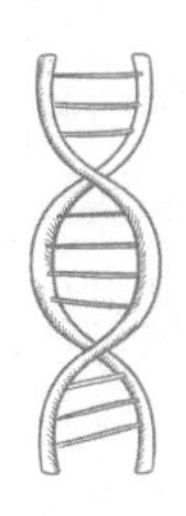

月亮為什麼沒掉下來

看了蘋果落地的故事，大家可能會產生這樣一個問題：「既然地球與蘋果之間存在引力，最終蘋果掉了下來。那地球和月球之間不是也有引力嗎，月亮為什麼沒有掉下來呢？」

天文小組的成員姍姍也產生了這樣的疑惑，於是她帶著這個問題找到了天文臺的劉老師。劉老師聽完她的問題笑著說：「牛頓的萬有引力定律可不是針對地球的，它是針對世間萬物的。

根據這個定律，自然界中的任何兩個物體間都是相互吸引的，吸引力的大小與這兩個物體的質量乘積成正比，與它們距離的平方成反比。也就是說，自然界中任意兩個物體間都存在吸引，這個吸引力就是萬有引力。」

說到這裡，劉老師給姍姍拿了一根短繩，繩子一端繫了一個橡膠球，「你把它轉起來試試。」看到姍姍把橡膠球轉起來之後，劉老師說：「是不是感覺到橡膠球想要從手裡飛出去？」姍姍點了點頭。

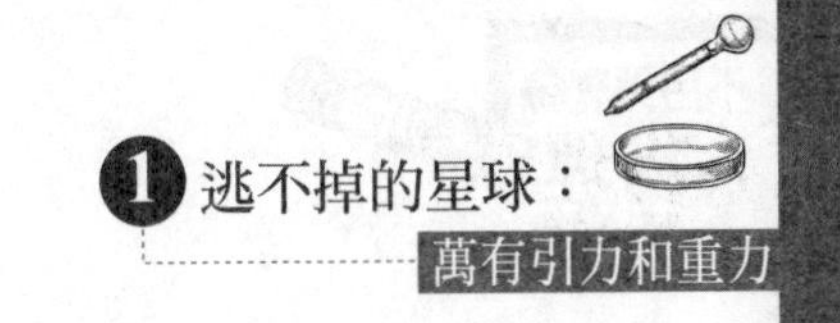

「這個想要飛出去的力就是離心力，下面我們去看看月亮為什麼不會掉下來。」

劉老師帶姍姍來到太陽系模型前。她指著月亮說：「你看，月亮受到地球的引力，也就是重力，它的方向是豎直向下的，就是說重力拼命想把月球拉到地面上來。但是就像你剛才感覺到的，做圓周運動的物體也會產生離心力，離心力又想帶著月亮飛出去，這兩個力剛好抵消，所以月亮只好在軌道上乖乖繞行了。」

姍姍恍然大悟，劉老師又接著說：「19世紀時，奧地利的天文學家奧波塞爾就根據自己掌握的月球運行規律計算出了從1208年到2163年間的8000次日食和5200次月食。迄今為止，他預測的20世紀的日食和月食都已經被準時觀察到，誤差不超過1秒。這表明月球的運行是很穩定的，我們也就不用擔心月亮會突然從天上掉下來了。」

儘管月球已經穩定運轉了上千年，但是我們還是不能斷言月亮運行的軌道永遠不會改變，因為月亮不僅受到地球引力的影響，它與其他天體之間也有引力作用。這些引力合在一起，有可能會讓月亮越來越靠近地球，最後導致月亮落在地球上；當然，月亮也可能在其他引力的作用下脫離地球，不過這個過程也許要好幾億年。

如果月亮向地球飛來

如果月亮真的向地球飛來，地球能招架得住嗎？會不會地球直接就被毀滅了呢？

其實，這取決月球的構成物質。地球的直徑是13000公里，月亮的直徑則是3500公里，月亮靠近地球時，地球將以巨大的吸引力吸引月亮靠近地球的那一部分，而背離地球的那一部分受到的引力相對要小很多。

如果構成月亮的物質不太堅固，月亮會在地球的引力中「粉身碎骨」，碎片將會變成環繞地球的光帶。如果構成月球的物質很堅固，那麼我們最好祈禱月亮永遠乖乖地繞地運行，不要向地球進攻。

讓人忽高忽低的石板

地球對所有的物品都有引力作用，但是這世界上依然有一些現象無法透過地球的引力來解釋。美國的加利福尼亞州就有一個很奇怪的地方，這個地方的重力與其他地方有很大差別，所以又被稱為「神祕點」。

「神祕點」位於聖塔克斯鎮，從三藩市乘車沿公路南下，經過幾個小時車程之後就能到達這個小鎮的中心，再過5分鐘就可以到達位於該鎮近郊的「神祕點」。「神祕點」現在是一個著名旅遊景點，如果你到那裡去的話會發現遊人很多。

這個景點最有趣的異常現象就是「比身高」。「神祕點」有兩塊看起來很普通的石板，石板長50公分、寬20公分，間隔約40公分。

當兩個身高差異比較大的人分別站在兩塊石板上時，你會看到這樣奇異的情景：本來個子高的人比原來個子矮的人矮很多。當兩個人從石板上走下來的時候，

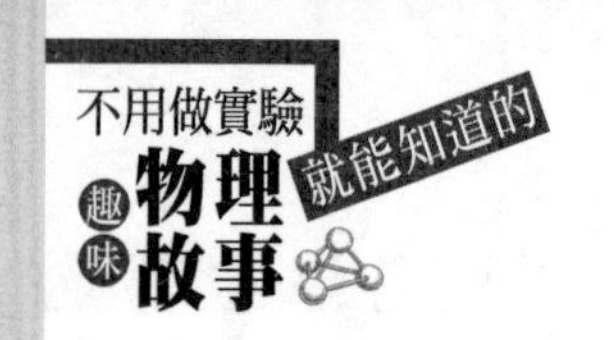

他們的身高又恢復正常。如果兩人互換位置，個子高的人又變高了。

旁觀者看得清清楚楚，石板居然能讓人的身高忽高忽低。這在大家看來簡直不可思議，是大家眼花了，還是這個石板一邊高一邊低？如果用水平測量儀來測量，儀器上呈現的是水平狀態。而且當兩人站在石板上時，有人拿皮尺測量兩人的身高。無論他們站在哪個位置，測量出來的身高都等同。如果說人站在石板上，身高會伸縮，難道皮尺也能伸縮嗎？

身高伸縮的神奇現象已經讓科學家束手無策了，可是「神祕點」還有更多的未解之謎。

這裡所有的樹木都是向一方生長，連處在神祕點中心位置上的小木屋也完全倚靠在旁邊的樹木上，樹和房子就像一對連體嬰般。當人們走到小木屋前面的空地上時，每個人都會不由自主地斜立，好像隨時都有可能跌倒，但他們斜立著反而十分穩當。

這個小木屋的天花板上有很多破洞，人們甚至可以從中看到奇形怪狀的大樹飛向天空。在小屋的另一間空房裡，懸掛著一個直徑大約25公分、厚約5公分的鐵球，這個鐵球很重。但是一根小拇指輕輕一動就能將它推到一邊。但要將它往反方向推，可能兩隻手的力氣都推不動。這個神祕屋有一面牆壁上凸出了一塊木板，這木板是一個小斜坡。但是讓小球滾下這塊木板時，球卻待在原地一動不動。如果人們用手將小球推向到坡較低的一端，小球滾到一半的時候就會被某種神奇的力量牽回來，還會滾回原地。不管怎麼推，用多大的力推，結果都是一樣。

飛行在「神祕點」上空的飛機也會受到磁場干擾而脫離航線，小鳥飛到這裡則會像繞暈了一樣掉到地上。更不可思議的是，神祕屋的狹窄入口處有一個坡，這坡向地下傾斜30°，抬腳進去之後，人們就會感到有股強大的力量將身體往裡拉，即使抱著身旁的柱子，也會被拉近小屋的重力點。

由於這裡重力異常，人只要在裡面待幾分鐘，就會產生噁心反胃的感覺，就像暈車、暈船一樣。不需要任何支撐，人就可以在裡面的牆上行走，就好像牆壁那邊有巨大的引力把人穩穩地吸在牆上。

綜合以上現象，如身高的伸縮、球自動向上滾動、人在牆壁上走、鐵球難以推動等，總之，這個神祕點充滿著詭異的事情，而且這些想像都違背了物理定律。唯一可以確定的是這個地方的重力是異常的，與其他地方的物體受到的地心引力的不同，它們可能是受另外一種神奇的力的吸引。但這究竟是什麼樣的力，又是如何發生作用的，則是科學家想要解開的謎。

可能改寫世界的重力異常現象

除了「神祕點」的重力異常之外，還有一種重力異常發生在日全食前後。此時重力儀顯示的資料會突然降低。這些重力異常現象用牛頓的萬有引力定律以及愛因斯坦的廣義相對論都很難解釋。因此人們都在猜測，會不會還有其他不知道的力。

科學家認為，如果能夠找到這個力，那麼萬有引力定律將被修正或改寫，與之相關的宇宙起源等一系列理論都將被修正。不過，這個力是否存在還是未知數，因此暫時不用擔心我們所學知識的正確性。

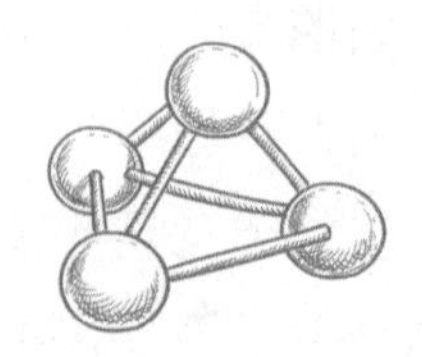

「偷」魚的重力

利比理亞的商人卡特都要瘋了！他從挪威買了2萬噸魚，希望運回利比理亞的時候能夠賣個好價錢。但是當魚被運回來的時候，經過稱量他發現，2萬噸魚足足少了50噸，這究竟是怎麼回事？是魚販缺斤少兩了，還是魚體內蒸發出去50噸的水分？

不過，真相讓所有人大吃一驚：魚是被「偷走」的，而「偷」魚的賊竟然是地球重力！沒手沒腳的重力是怎麼偷魚的呢？要知道，重力並不固定。在地球上，重力隨著緯度的升高而增大，緯度越高重力越大。

因此，南極和北極的重力最大，赤道的重力最小。這樣一來，事情就清楚了：挪威靠近北極，緯度高，重力大；而利比理亞靠近赤道，緯度低，重力小。因此，這兩個地方稱出的魚重力當然不同了。對於這樣一個「偷魚賊」，商人卡特除了瘋狂大吼之外想不出任何其他的辦法來發洩自己的怒氣！

當然，也有些人因為不同地方的重力差異大賺了一筆。曾經有個騙子，他經常去赤道附近的國家買東西，然後把買來的東西賣給兩極的居民。不過騙子要想成功賺錢，必須使用在赤道製造的彈簧秤，否則就達不到增加貨物重量的目的。雖然看起來數值不是很大，但如果運輸的貨物很重的話，這些收入還是很可觀的。

雖然騙子的行為不值得認同，但是他善於思考的精神還是值得提倡的。他成功運用了「同一個物體的重力離赤道越遠就會越大」這個原理。經過測算，物體在赤道上的重量要比它在兩極時的重量輕約1／290。

物·理·碰·碰·車

快速「減重」的小動作

生活中常見的體重計就是利用重力來稱量體重的。同樣的體重計測量體重的時候會因為人體的小動作而顯示出不同的數值。當你彎腰的時候，上半身肌肉彎曲，同時牽動下半身，此時體重計上顯示的數值會變小。反之，一旦你站直了，重心的位置發生了改變，體重計的讀數就會明顯增加。

有些非常敏感的體重計對於揮手臂、低頭這樣的小動作都能感應得到。當人舉起手臂的時候，與肩膀連接的肌肉會把整個人向下壓，重心下移，此時體重計的讀數會變大。那麼請你思考一下，當我們低頭的時候，體重計的數字會怎樣變化呢？

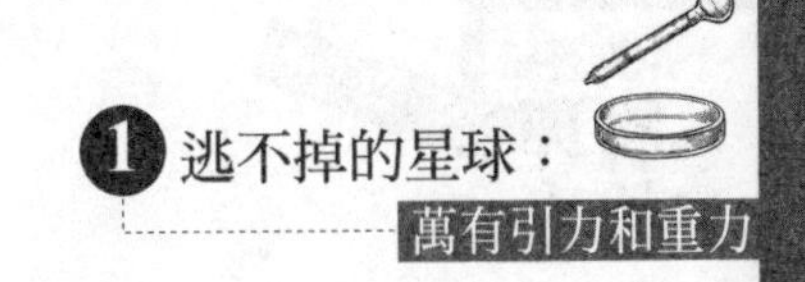

驚悚刺激的「自由落體」

你有沒有去遊樂園玩過「自由落體」呢？是不是升到最高空突然往下落的那一刻非常沒有安全感？身體一下子變輕了，彷彿向一個無底深淵跌下去。這種感覺就是失重帶來的刺激。除了去遊樂園，我們還可以在其他的地方體驗到失重的感覺嗎？當然，而且在一個很常見的地方就可以。

某一天，從鄉下來的表弟到城裡過週末，雯雯原計劃帶著表弟去遊樂園玩個痛快。不巧的是，週末下起了大雨，雯雯只好放棄了這個計畫。

看著表弟失望的眼神，她有些內疚。突然，物理老師給他們講解「失重」那一課的場景出現在眼前，雯雯拉起表弟的手說：「走！姐姐帶你去玩自由落體！」表弟有些疑惑，輕聲說：「今天下大雨，遊樂園不開門啊！」

「走吧，姐姐給你個與眾不同的自由落體！」說著，雯雯拉著表弟來到了電梯口。

「閉上眼睛，自由落體要開始啦！」表弟聽話地閉上了眼睛，就在電梯開動的一剎那，表弟緊緊拉住了雯雯的手，還發出了一聲驚叫。到了一樓，雯雯叫表弟睜開眼睛，「怎麼樣，是不是很刺激啊？電梯和自由落體的原理其實是一樣的呢！」

原來，當我們步入電梯，讓電梯下行時，身體會有一種被抬起來的感覺，那一瞬間我們似乎完全感受不到自己的體重，不過這種感覺持續的時間不會很長。你感受不到自己體重的那一刻，就是在體驗失重的奇妙。

在這個過程中並不是你的體重變輕了，也不是有什麼神祕物質在托舉你，而是在電梯啟動的時候你腳下的電梯板已經具備了一個下降的速度，而初入電梯的你還不具備這個速度。

那一瞬間，你對電梯地板幾乎沒有任何壓力，所以你才會感覺到自己的體重變輕了，甚至感覺自己浮在了半空中。可是很快你也有了下降的速度，對地板產生了壓力，那種失去重量的感覺也就消失了。

其實很多娛樂項目都是利用失重的原理，因為失重能給人帶來一種刺激的感受。懂了這些原理之後，下次去玩高空彈跳、高空跳傘的時候不妨分析一下自己的受力情況吧！

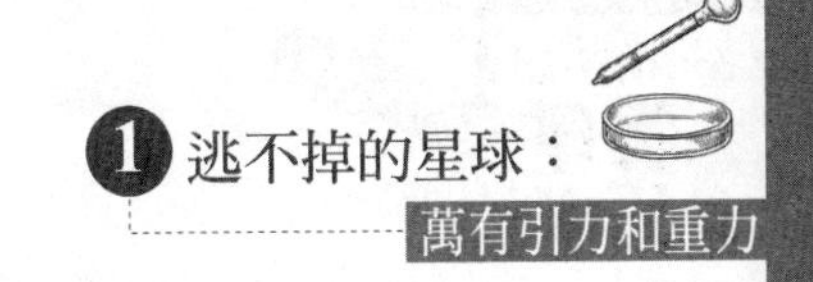

物·理·碰·碰·車

看得到的失重

如果上面的描述太過抽象的話，那麼讓我們一起來做個小實驗觀察一下失重現象吧！將一個砝碼掛到彈簧秤的秤鉤上，為了便於觀察秤和砝碼一同運動時的數值變化，我們可以在秤的缺口處放上一小塊軟木，觀察軟木的位置變化。

現在將掛好砝碼的彈簧秤向下迅速移動，你會發現數據顯示的重量遠遠小於砝碼的重量值。如果你讓這個秤做自由落體運動，並且你能夠在秤落到地面之前觀察數據的變化，你會發現砝碼在墜落時是沒有重量的，此時彈簧秤的指針一直停留在零這個位置上。

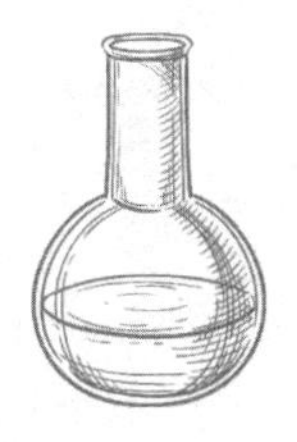

比薩斜塔上的對決

一個人站到了比薩斜塔的尖上，這是要幹什麼？讓我們先來聽聽周圍的人怎麼說。

「一定是大鐵球先落地啊，大的重啊！」「是啊，幾千年前的聖人亞里斯多德都是這麼說的！」「也不一定啊，我覺得伽利略也很有實力的。我賭伽利略贏！」「我相信亞里斯多德！」到底在幹什麼呢？再不開始，下面就要變成賭場啦！

原來這就是伽利略著名的鐵球實驗。他是義大利著名的物理學家和天文學家。據說，他首先用石塊分析出了重力並不影響它們落地的時間。他對自己的結論深信不疑，為了讓大家心服口服，他決定在比薩斜塔上做一個實驗，證明亞里斯多德的結論是錯誤的，這可真是超越時空的大對決！

這一天，伽利略站到了比薩斜塔上，下面聚滿了人。只見伽利略平舉雙手，在同一高度釋放了兩個大小不一的鐵球。此時，圍觀的人們又驚奇又緊張，如果兩個鐵球同時落地，那麼，他們信奉了2000年的亞里斯多德的理論就錯了！這是多可怕的事情！但結果就是如此可怕，兩個鐵球同時落地了，伽利略戰勝了亞里斯多德！

這兩個鐵球的運動同樣是自由落體運動。不受任何阻力，只受重力作用且初速度為0的運動，就是自由落體運動。

伽利略的自由落體實驗揭示了自由落體定律：物體下落的加速度與物體的重量無關。可是，我們生活中，不是大鐵球先落地嗎？石頭不是比羽毛先落地嗎？實際情況的確是這樣的。那不是與伽利略的結論矛盾了嗎？

這是因為在地球上自由下落的物體，除了受重力影響外，還受空氣阻力和摩擦力影響。通常，重量越輕的物體，受到的摩擦力越大，阻止它下落的力也就越大，所以，掉落速度更慢，也就更晚落地。

真正的自由落體實驗

其實伽利略做的實驗還算不上真正的自由落體，因為兩個鐵球還受到空氣阻力和摩擦力的影響。要想做真正的自由落體實驗必須消滅空氣阻力。那麼，什麼地方可以滿足我們的願望呢？答案是月球。

月球上沒有空氣，處於一個真空狀態，當然，也就沒有空氣阻力。1971年，阿波羅15號飛行船第一次登上月球，萬眾矚目之下，太空人把一根羽毛和一把錘子從同一高度同時扔下來，結果——同時落地！這才是真正的自由落體實驗！同時它也證明了伽利略提出的自由落體定律：在沒有空氣和摩擦力的環境裡，任何物體掉落的速度都是一樣的。

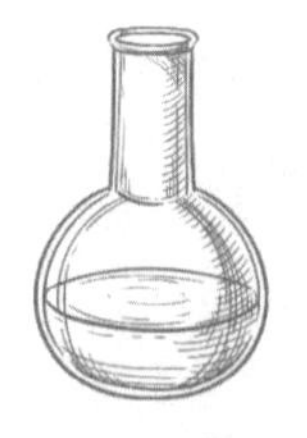

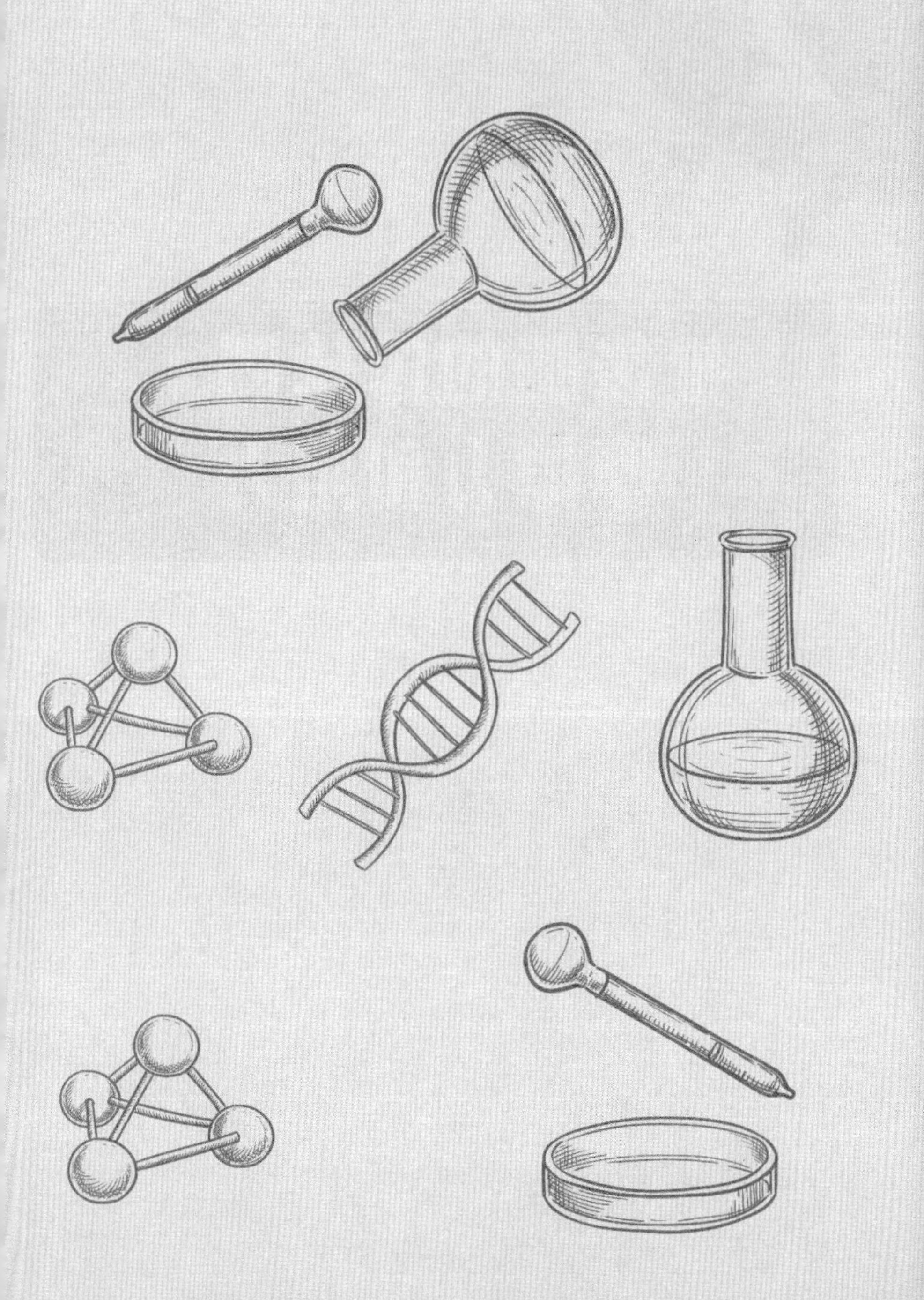

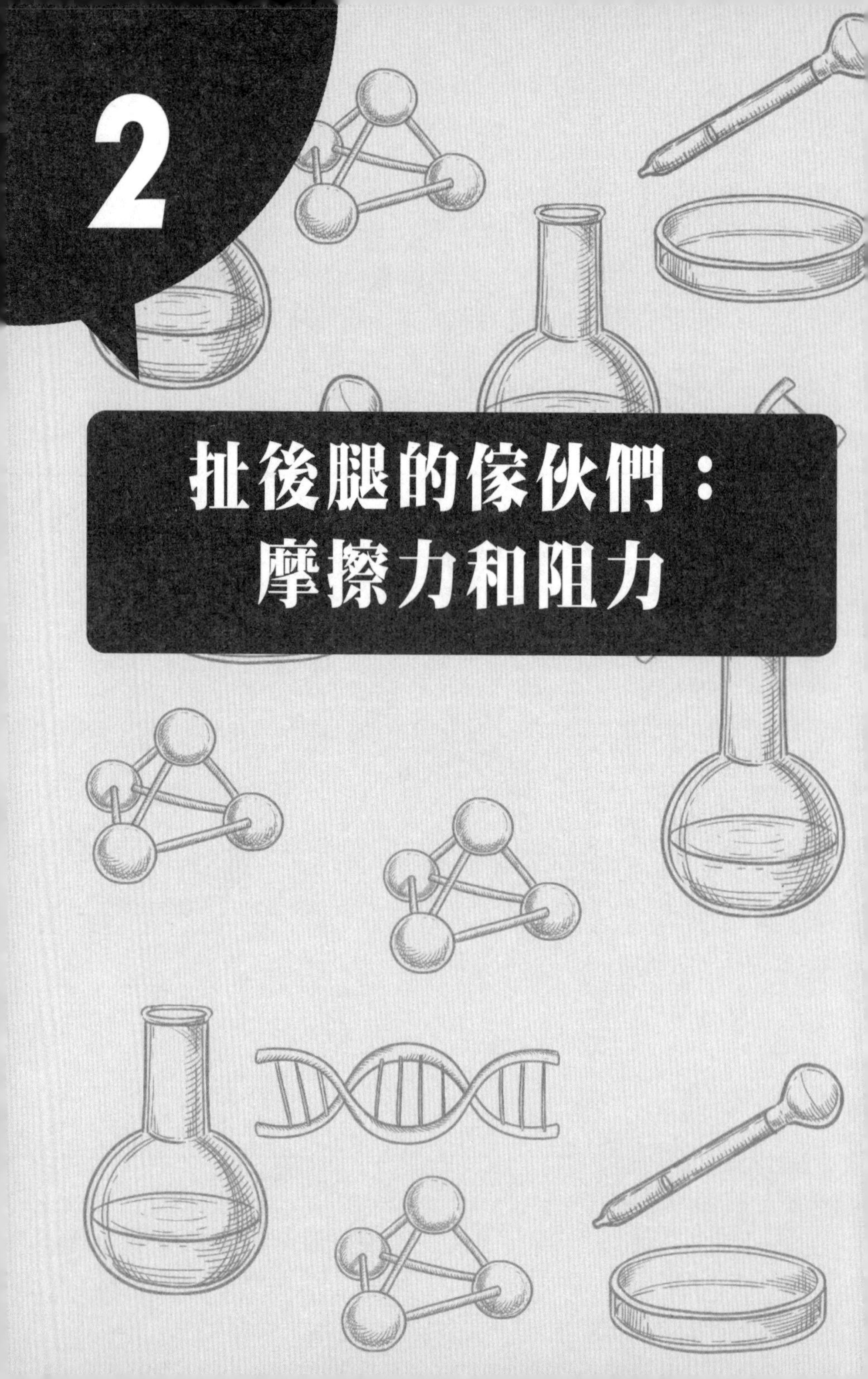

2

扯後腿的傢伙們：摩擦力和阻力

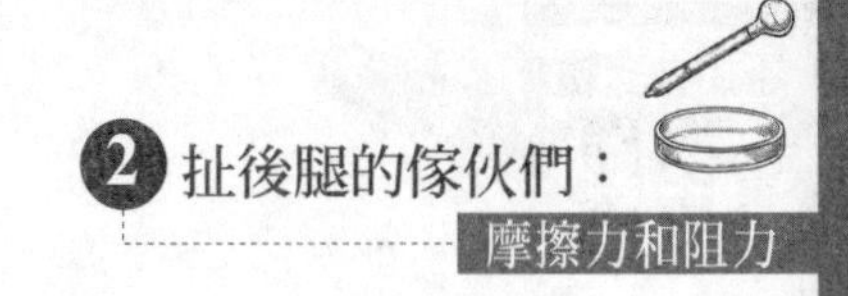

搗蛋的幽靈：摩擦力

要說力學世界中的搗蛋鬼，非摩擦力莫屬。它像幽靈一樣無處不在，當人們需要用力向前的時候，它就使勁往後拉；當人們需要後退的時候，它又給人向前的力。下面我們就來看看摩擦力是怎麼給人搗亂的。

有一天，周媽媽帶著兒子小強去海邊玩，小強出門的時候堅持要帶上自己心愛的小自行車。媽媽拗不過，只好答應了。到了海邊，小強騎上自己的小自行車，但始終停在沙灘上的某一個地方紋絲不動。這時候，媽媽才走過來微笑著對小強說：「會騎自行車的小朋友們都知道，自行車在沙灘上是寸步難行的，不管你用多大力氣，輪子都轉不起來。你下車來仔細看看就會發現，自行車輪子的下邊陷進了沙子裡。車輪轉不動，就是這些沙子在搗亂，是沙子用摩擦力拽住了輪子。」

回到家之後，媽媽又帶著小強做了一個有趣的實驗。媽媽用一個搪瓷缸、一把筷子和一大碗米來做實驗材料。媽媽把筷子放在搪瓷缸裡，用米把筷子壓實，然後讓小強向上提筷子，結果筷子沒拿出來，倒把整個搪瓷缸提起來了。

媽媽說：「這種現象也是摩擦力在作怪。」媽媽接著說：「自行車陷進了沙灘，就像筷子插在壓實的米裡一樣，在車輪和沙子之間會產生很大的摩擦力，正是這個摩擦力拽住了車輪子，讓你的自行車跑不動。」

親自做了實驗之後，從此小強再也不倔強地要求騎自行車去海灘上玩了，平時在家的時候也知道了要去光滑的路面騎車。

兩個互相接觸的物體，當它們要發生或已經發生相對運動時，會在接觸面上產生一種阻礙相對運動的力，這種力就是摩擦力。那麼摩擦力是怎樣產生的呢？用顯微鏡去觀察一下物體表面吧！你看到了什麼？高高低低、凹凸不平，像小山丘一樣的表面！是的，就是這樣。物體表面並不光滑，即使看上去很平滑，它的本質上還是凸凹不平的。當這些凹凸不平的表面相互接觸時，突起和溝壑就會像齒輪一樣咬合在一起，阻止對方的運動，摩擦力也就產生了。

物·理·碰·碰·車

怎樣減小摩擦力

推重物的時候，你是不是希望摩擦力小一些呢？那麼，怎樣減小摩擦力呢？

1. 減少壓力。摩擦力跟物體間的壓力關係密切，如果能減少壓力，如減少重物的重量，那麼摩擦力也會隨之減少。

2. 壓力不變時，讓接觸面更光滑。如果壓力無法改變，那就讓接觸面光滑一點吧，你可以在接觸面上塗抹潤滑油或灑些滑石粉。

3. 將滑動摩擦改為滾動摩擦。在重物下面裝上輪子，讓重物「滾起來」，摩擦力就會小多了，推起來也就容易多了。

滑溜溜的世界好恐怖

你知道大力士嗎？就是那種力大無窮、身形巨大的勇士！他們總是能做很多神奇的事情。

這天，一艘巨大的輪船正準備下海遠航，它的繩索正被切斷，船身向海裡滑去！忽然，一艘快艇飛快地向輪船行駛的方向衝過來，眼看沒多久就會撞上！千鈞一髮之際，一個身強體壯的人出現了。

只見他一下抓住輪船前的繩索，用盡力氣將輪船朝岸上拖，然後迅速把繩索在鐵樁上繞了幾圈。很快，船停止了向前航行，那艘快艇也及時改變了航向，一場撞船事故解除了！

短短幾秒鐘，船上的人經歷了生死輪回！人們歡呼起來，一起湧向拯救輪船的大英雄！不錯，這人是個大力士！但他卻不是拯救輪船的核心人物，真正阻止撞船事故的，其實是另一個更名副其實的大力士，它就是摩擦力。

看到這裡，是不是覺得總是調皮搗蛋的摩擦力在關鍵時刻還是很有用的？其實，摩擦力的作用可不止於此。我們都曾經有過在冰面上行走的經歷吧？為了能順利前行，大家做出了各種的嘗試，我們甚至會感歎，平時粗糙的地面是那麼適合行走。

其實，這些都源自於摩擦力的作用。雖然摩擦在有些時候是個可惡的幽靈，但是在多數情況下，它是個有利於我們生活的小天使。

物·理·碰·碰·車

摩擦能幫我們做些什麼

首先最簡單的，如果沒有摩擦，我們根本就站不起來；如果沒有摩擦，汽車還沒發動就會打滑；如果是汽車開著的時候摩擦力突然沒了，那麼汽車開起來就停不下來了，因為沒有阻礙它運動的力，它就只能無限滑下去，最後與其他車相撞，造成一起又一起的連環追撞事故。

當你餓了，想吃飯，筷子和手指之間的摩擦消失，筷子根本不肯待在你的手上；打開電視看看百公尺賽跑，你會發現運動員根本無法起跑。哦，差點忘了，在沒有摩擦力的世界中，你根本打不開電視機的開關。

人是無法脫離摩擦力生存的，沒有摩擦力，這個世界真的會很恐怖，人類也會失去很多樂趣。

驚悚的天上掉餡餅事件

靠近加勒比海的洪都拉斯人特別喜歡吃魚。每年的5月至7月間，洪都拉斯的天上都會掉「餡餅」，這餡餅不是別的，正是他們最喜歡的魚。

這種現象已經持續了許多年頭了，甚至已經被寫入洪都拉斯的民俗故事中。傳聞魚雨來臨之前，天上總會烏雲滾滾，特大暴雨會持續兩三個小時，緊接著數百條活魚就會落在地上。

從1989年開始，洪都拉斯的人每年都會慶祝「魚雨節」。不過，當魚雨來臨的時候，可沒有人跑到街上去撿魚，這是為什麼呢？也許你會從另一個故事中得到啟示。

1975年，英國的電臺記者羅納・薩班斯爾向大家講述了他親身經歷的一件事。那時候他為了報導前線新聞，他曾經在駐紮於緬甸的英軍中服役，有一次部隊來到緬甸與巴基斯坦交界處的庫米拉城。這裡淡水奇缺，每人每天只能喝幾口水維持生存。突然一天，烏雲滾滾，大風呼嘯，一場暴雨眼看就要到來。羅納馬上脫去衣服，塗上肥皂，站在空地上想痛快地洗個澡。

雨終於來了，可是下的竟然不是雨水，而是一條條沙丁魚，這些魚把他打得很痛，沒有招架之力的羅納摔倒在地，他掙扎了很久，才從地上站起來逃回屋裡。

這些魚之所以有這樣高的「武功」，就是因為它們是從天空落下來的。即使初速度為零，在下落的過程中，由於重力的作用，它不斷做著加速運動，等落到地面的時候，這些魚已經具有相當高的速度。高速的物體撞在人身上的感覺可想而知。

知道這個道理之後，即使看到天上掉餡餅也千萬別忙著去撿，等它落地之後再出手也不遲。

形形色色的雨

除了洪都拉斯，世界上還有很多國家出現過各式各樣的雨。從美國的加利福尼亞州到歐洲的英國再到亞洲印度，也偶爾會有其他一些小動物，例如青蛙和蛇從空中落下，甚至還有一個地方下過銀幣雨。

這些出人意料的「雨點」多數是由於強大的龍捲風把沿途的水生生物或者其他東西帶進雲層後，透過強風攜帶，最終落在很遠的地方，形成規模不等的形形色色的「雨」。

高空中落下的奇蹟

如果一個人從5500公尺的高空掉下來，結果會怎麼樣？這個人99%要摔死了，不過凡事都有例外，下面這位就是個超級無敵的幸運兒。

第二次世界大戰中，一架襲擊德國漢堡的英國轟炸機被擊中起火。坐在飛機後座的機槍手一時拿不到放在機艙前面的降落傘，但又不想活活被燒死，於是他果斷地跳出了機艙。他剛剛離開，飛機就爆炸了。這時飛機的高度是5500公尺。

一分半鐘以後，他就像一列高速急駛的列車，以每小時200公里的速度飛快地向地面落去。當他從昏迷中醒來的時候，發現自己並沒有摔死，只是皮膚被劃破，身體有多處挫傷。

聞訊趕來的德國人也感到驚歎不已，他們對所有的資料進行了精確的測量，發現這不能不說是一個奇蹟。

後來，人們經過分析才發現，機槍手下落時幸運地掉在了松樹叢林裡，而離他不遠就是開闊的平原。他先在松樹叢上砸了一下，然後掉在積雪很深的雪地上，把鬆軟的積雪砸了一個一公尺多深的坑。

這樣一來，機槍手和地面碰撞的時間被延緩了上千倍，衝力也大為減少，只有千分之幾。當然也還有一個原因，他受到了空氣阻力的保護。如果沒有空氣阻力，從5500公尺高的地方落下，落地時的速度要達到每小時180公里左右，而空氣的阻力使他的落地速度大大減小，這也是產生奇蹟的原因。

這樣一分析，大家就會發現，許多沒摔死的奇蹟都與衝擊力被減緩有關，在這個例子中，首先是空氣阻力減少了他落地時候的衝擊力，另一個是落地的時候積雪的摩擦力減少了衝擊力。

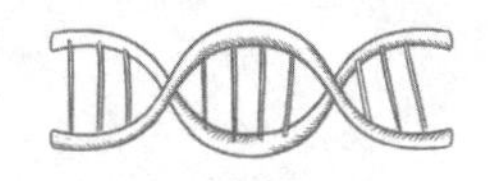

物·理·碰·碰·車

「高空飛人」菲力克斯

如果有人告訴你，他要從3.1萬公尺的高空跳下，你一定會認為這人是個瘋子！

世界上還真有這麼一個瘋子，而且他對高空跳下還很上癮。這個人叫菲力克斯·鮑姆加特納，是奧地利的一位極限運動玩家。他最喜歡做的事就是跑到高樓上或幾萬公尺的高空，從上面跳下來，做自由落體運動。當然，他通常都會及時打開降落傘安全著陸。

不過，就算如此，3萬公尺還是個恐怖數字，這樣的事，大家還是不要模仿了。

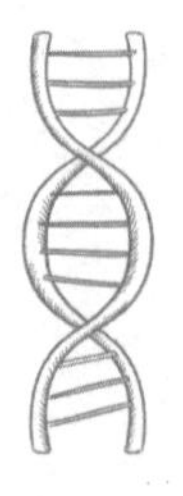

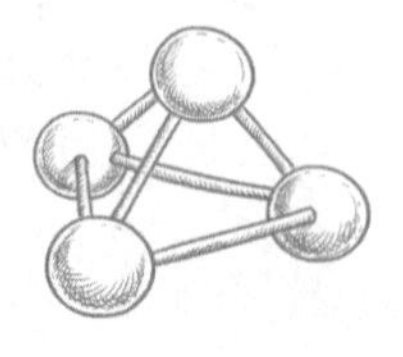

樣游泳速度最快

參加游泳比賽的時候，摩擦力就變成了一個不受歡迎的傢伙，如果游泳的時候服裝選擇失誤，水與衣服之間的摩擦力可是會大大減緩運動員的游泳速度呢？

英國的Speedo公司是非常有名的進行泳衣研究的公司。為了讓自己成為業界的龍頭老大，他們從1992年開始就對泳衣材料進行了革新。不過各國的運動員都認為游泳的成績與泳衣並沒有多大關係，主要是自己的技術水準。

直到2000年的悉尼奧運會上，索普憑藉著Speedo公司的「鯊魚皮一代」拿下了三金兩銀，各國對這種新面料泳衣的熱情才達到了高潮。2004年的雅典奧運會上，鯊魚皮二代更是出盡風頭，前後有47名運動員披著「鯊魚皮」前去領獎。

2007年，鯊魚皮三代投入使用之後，21項世界紀錄就被打破了。2008年北京奧運會之前，Speedo公司推出了「鯊魚皮四代」，50多個國家的運動員紛紛解除了與原有贊助商的合約，鑽進了「鯊魚皮」中。

那麼如此神奇的鯊魚皮是如何設計出來的呢？Speedo公司利用了龐大的運動員名單，掃描了400多名頂尖運動員的體型製作了阻力實驗的模型。測試了上百種面料之後，公司的研究者最終確定了鯊魚皮的材料——LZR Panel。

穿著這種材質的衣服的運動員比穿著普通泳衣的快4%。這是因為這種材料能夠對運動員進行塑形，減少水對運動員的阻力。這種泳衣材質有超強的彈性，可以把身體上阻力比較大的地方收緊，將運動員的體型塑造成所受阻力更小的樣子。

不過也有科學家對這種神奇的泳衣提出了質疑，認為這種泳衣分析不夠全面，只考慮了在水中滑行階段的阻力，卻忽略了運動員的技術。

這些科學家認為這種泳衣過於追求身體的流線型，對運動員的肌肉會產生壓力，讓運動員的技術產生變形，這也會影響運動員的成績。根據這些科學家的研究，他們認為裸泳才是減少阻力最好的方法。

不過，誰能讓裸體的人去參加正式的比賽呢？究竟是「鯊魚皮」厲害還是裸泳速度更快就很難找到答案了。即使人們接受了裸泳比賽，那麼身體上的毛髮是不是會對成績產生影響呢？長頭髮的人會不會比較吃虧？

不過，你可以停止這種聯想了，因為大家是不會讓運動員裸體出現在賽場上的，所以泳衣的科技研發戰爭一定會越來越激烈。

泳衣貴族——鯊魚皮

一套鯊魚皮的售價高達600美金。穿著的時候也非常費勁，在有專人幫忙的情況下還需要40分鐘才能穿好。而且這種泳衣的壽命特別短，最多穿六次就「報廢」了。

不管它是不是真的能夠減少水對運動員的阻力，至少它能夠讓運動員在心理上產生自信心，這一點也是比賽的時候不可忽視的。

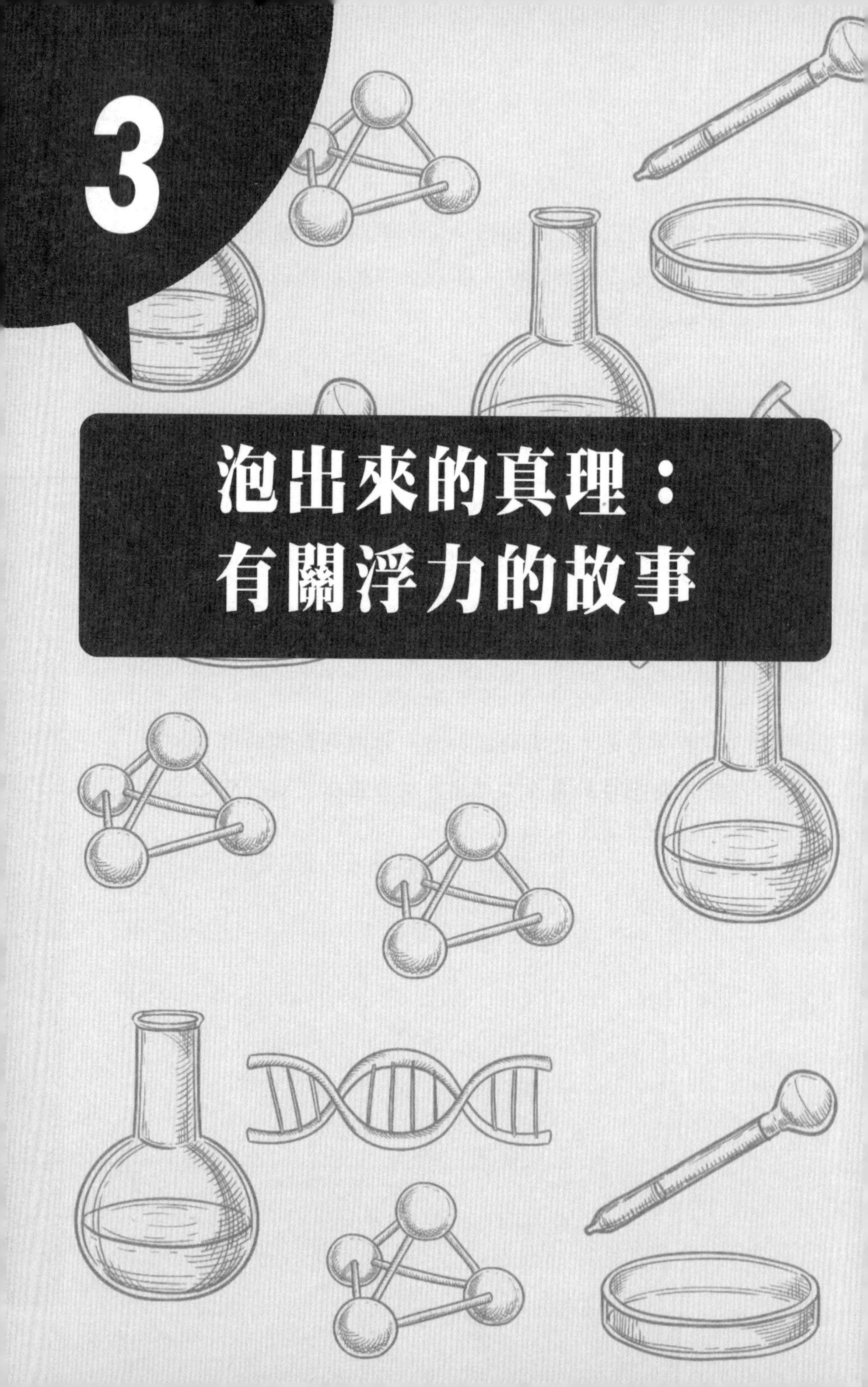

3

泡出來的真理：有關浮力的故事

曹沖的池塘和阿基米德的浴缸

相信大家都聽說過曹沖秤象的故事。那是東漢末年的時候，曹操自封為魏國丞相，實力較弱的孫權為了討好曹操，送給曹操一頭大象，曹操非常高興，同時也產生了一個疑問，「這大象如此龐大，它究竟有多重呢？」他把自己的疑問告訴了手下的人。

大臣們紛紛獻計，有的說造一杆大秤，還有些人說可以把大象宰成許多塊再上秤稱。曹操對他們的建議都很不滿意。這時候曹操的小兒子曹沖說到：「我倒是有個辦法。」

這個曹沖從小就聰明過人。五六歲的時後，就像成年人一樣穩重聰明。曹操聽到曹沖有辦法，連連詢問。

曹沖接著說：「把大象領到一條船上，然後記下水面在船幫上的位置，隨後把大象領下去，再把石頭、鐵塊都裝到船上直到船下沉到有記號的位置。把這些石頭、鐵塊的重量加在一起就知道大象的重量了。」

眾臣聽完，都拍手稱讚曹沖聰明過人，曹操命人按

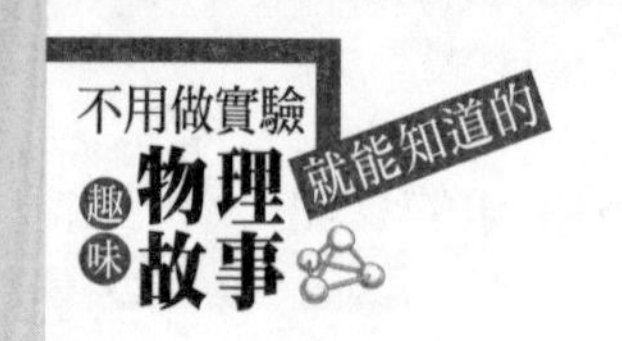

這種思路秤象，果然知道了大象的重量。

下面，我們再來看個浴缸的故事。敘拉古國的國王希羅讓一個名匠用純金做了一個王冠，國王很滿意。不過很快，流言蜚語傳進了國王的耳朵裡，大家都說王冠不是純金的，金匠偷了王冠的金子。國王用秤一稱，重量沒少。

國王因此指責那些背後議論的人，這時候有人辯解：「陛下息怒，說不定金匠是用相同重量的銀子頂上了偷走的金子？」最後國王把這個難題交給了王國中最聰明的人阿基米德。

阿基米德思索了很多天之後仍然沒有頭緒。有一天，他忙完工作去洗澡。當他把腿邁進浴缸的時候，目光突然落在了不斷外溢的水上。

突然，他激動地衝出了浴缸，嘴裡大聲喊著：「我找到方法啦！」

原來阿基米德發現物體放進水裡以後，會排出和它的體積同樣多的水，於是拿著與王冠重量相同的純金放進水中，看它排出多少水來，然後又拿出與王冠重量相同的一塊銀放入水中，看它排出多少水。

由於銀的密度小，同樣重量下，體積比較大，所以排出的水要比金排出的多。然後他又將王冠放入水中，看它排出了多少水。結果，排出的水量介於同等重量的金和銀之間，所以可以確定金匠偷了金子。

其實曹沖秤象的故事和阿基米德破案的故事都是利用了浮力原理。

浸入液體或氣體中的物體都會受到液體或氣體向上托的力，這個力就是浮力，方向向上。當然，物體還受到重力的作用，此時這兩個力的方向相反，這兩個力就會相互打架！當物體所受的浮力大於重力時，就會上浮；小於重力時，就會下沉；兩者一樣的時候，物體就會靜止在液體或者氣體中。

當大象站到船上，船停止下沉的時候，浮力和重力相等；此時，與船空著的時候相比，船因為站上了大象而受到更多的浮力，這浮力就等於排開的水的重量，也就是說，這些水的重量就是大象的重量；把大象移下船後裝入石頭和鐵塊時所受的浮力，道理與前面相同。

看了這段分析，你能否自己分析一下阿基米德在浴缸的受力情況呢？

偉大的科學家阿基米德

阿基米德是古希臘偉大的數學家和物理學家，出生在西西里島的敘拉古國。他曾經在當時的文化中心亞歷山大跟隨歐幾里得的學生學習，回國之後也與亞歷山大的學者保持著緊密的聯繫，因此他通常被認為是「亞歷山大學派」的成員。

阿基米德除了發現了浮力定律，還對數學中的幾何問題有深入的研究。《論球與圓柱》是他的得意傑作。另外，他從幾個定義和公式裡出發，推出了關於球體與圓柱體面積和體積等50多個相關原理。後人對阿基米德的數學貢獻評價非常高，常把他和牛頓、高斯並稱為有史以來三個最偉大的數學家。

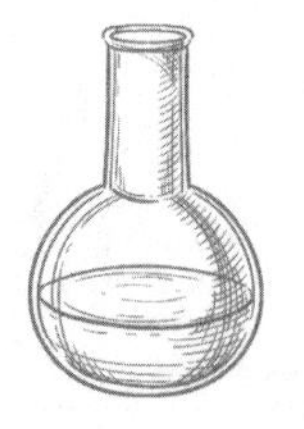

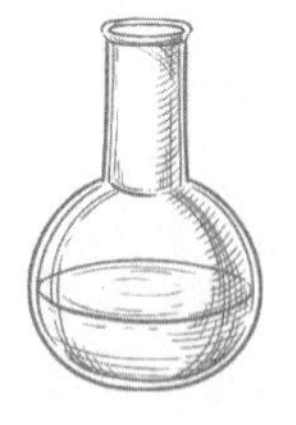

海不死的祕密

亞洲的西部有一個被稱作「地球肚臍」的地方，它是地球陸地表面的最低點，水面約低於海面400公尺，這個地方就是「死海」。不過，死海卻是以「不死」出名的。

很久以前，「死海」周圍的國家經常處於戰亂中。戰爭中的俘虜有兩種命運，身體強壯的就被留下給戰勝國當奴隸，而身體差的就只有死路一條了。在一次戰鬥中，大獲全勝一方的將軍準備把決定處死的俘虜全部扔進「死海」中淹死。

讓人吃驚的事情發生了，那些俘虜被扔進死海後，總是浮在海面上，就是不沉入海裡。

這位將軍很生氣，下令在俘虜身上都綁上大石頭，然後再往海裡扔。將軍心想，這回他們死定了。但是結果卻讓周圍的人都大跌眼鏡，那些俘虜依然浮在海面上，沒有被淹死。

看到這種情況，那位將軍認為這是上帝的旨意，上帝不希望俘虜被處死。將軍害怕違背上帝的旨意，就把那些俘虜都放了。事情過了很多年以後，人們終於發現了死海的祕密，發現那根本就不是上帝的「旨意」，而是物理的「旨意」。

科學家研究發現死海的含鹽量高達23%～25%。有人計算過，在這片區域內的鹽夠四十億人吃兩千年。由於湖水的含鹽量高，所以死海的密度很大，湖水的比重已經遠遠超過了人體的比重，浮力大得驚人，所以被扔進湖裡的俘虜根本不會沉入水底。

在這裡，即使不會游泳的人也不會被淹死。既然人都淹不死，那這片湖為什麼得名「死海」呢？這是因為這裡湖水太鹹，不但湖裡沒有魚蝦等小動物，連湖邊都沒有植物生長，鳥兒也不會飛到這裡來喝水，整個湖區看起來死氣沉沉，沒有一點生氣，「死海」這個名字正是由此而來。

那死海是如何形成的呢？死海實際上不是「海」，而是一個湖泊，它的源頭是約旦河。

約旦河水流經這裡的時候，由於天氣炎熱，水分多數被蒸發了，水中所含的礦物質則沉積下來，久而久之，這裡的湖水變得越來越稠，密度也越來越大，最終變成了「不死」的死海。

如今，這裡已經變成了旅遊勝地，不過來這裡游泳依然要小心。雖然不會被淹死，但是「傷口上撒鹽」的滋味也不怎麼好受。這裡的海水很濃，平時微小到無法察覺的小傷口在這裡也會產生強烈的灼燒感。當然，如果你能忍受這種痛苦，經過死海鹽浴之後，這些傷口癒合也會比別人更快。

當然，享受這種奇妙的海中漂浮感覺還是要趁早，因為也許過不了多久死海就可能因為過量蒸發而消失了。

物·理·碰·碰·車

中國的「死海」

其實，「死海不死」的物理原理非常簡單，就是漂在湖面的人的重力小於湖水對這個人施加的浮力，因此人會漂在上面不下沉。那麼，我們是不是也可以自己製造一片「死海」呢？四川省遂寧市的大英縣就有這麼一個人造的「死海」。

15000年前，大英縣是一個古鹽湖盆地，因此鹽鹵資源極其豐富，地下蘊藏的鹽鹵量可以開採上百年。中國的「死海」就是充分利用了這得天獨厚的條件。

潛水艇和魚鰾的故事

潛水艇是一種很先進的武器，能夠隨心所欲地上浮和下潛。可能有人會很遺憾地說：「我都沒有見過潛水艇，真可惜！」不要傷心了，有一種潛水艇大家都見過，它就是——魚。

大多數魚類都有魚鰾，魚鰾可以改變魚的浮潛狀況。當魚需要浮起來的時候，它的魚鰾就會充氣鼓起，此時魚的身體就能夠排出更多的水，這樣就可以實現魚類從水底升到水面的目的。

反之，魚鰾收縮，體積減小，魚排開的水少了，魚體也就自然下沉了。

第一個受到魚鰾啟發畫出潛水艇想像圖的是著名的畫家達文西，但是真正的「潛艇之父」卻是一個名叫德雷布林的荷蘭物理學家。

1620年，居住在英國的德雷布林完成了世界上第一艘潛水艇，但是它可不是我們現在常見的鐵製潛水艇，而是一艘木制的潛水艇。它的骨架就是一個木框，外面蒙著塗有油脂的牛皮。

這潛水艇的兩側底部開有孔洞，槳板能夠從孔座中伸出來。艇內有12名划槳手，透過划動船槳，小艇可以在水中前進。

這艘木製潛水艇內部設有可以搭載乘客的艙室，還備有特殊液體來吸收二氧化碳，放出氧氣。他建造了三艘這樣的潛水艇，人們把它們稱為「隱蔽的鰻魚」。這些「隱蔽的鰻魚」能在水下4公尺深的地方潛行好幾個小時。

當時英國倫敦還舉行了展覽會，德雷布林也被稱為「潛艇之父」。這最初的潛水艇就是根據水倉進水放水來控制船的沉浮的，當然，這種潛水艇也不能潛進很深的水裡。

現在，憑藉人類的智慧，潛水艇已經可以潛入水下一萬公尺的地方了。不過，即使是如此先進的潛水艇，它所應用的原理依然是魚鰾調節魚類浮沉的原理。

沒鰾的魚只能拼命擺鰭

自然界還有些魚沒有魚鰾，它們的沉浮只能依靠擺鰭來改變排水量，實現上浮。

一旦魚鰭不動，魚就會馬上沉入水底。不過，當魚透過擺鰭下沉到深水區之後，魚體將會受到水的巨大壓力，鰭會很難張開，所以排水體積會進一步減小，此時它們只能透過拼命擺鰭來維持自己的平衡，調節身體的浮沉。

科學家透過魚鰾的浮潛原理發明了潛水艇，那麼知道了魚鰭也能調節浮沉之後，你能不能也動腦筋設計一款新的潛水艇呢？

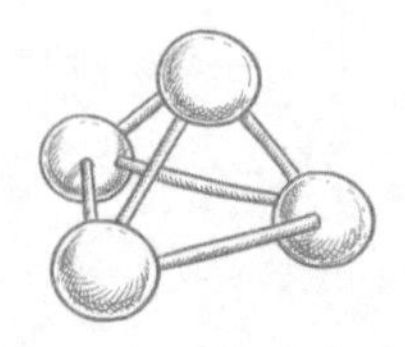
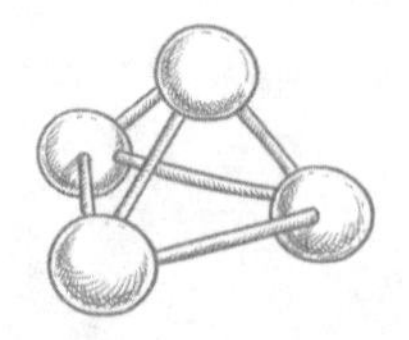

鐵塊也想「水上漂」

什麼？鐵塊也想享受一下在水面上飄蕩的悠閒？不可能吧？鐵塊扔進水裡馬上就會沉底的，其實，只要改變一下形狀，鐵塊就能夠輕鬆地漂在水面上。那麼鐵塊要怎麼變形才可以呢？

你一定見過輪船吧？有沒有想過為什麼這樣的龐然大物能夠漂在水上不下沉呢？鐵比水沉，一塊小石頭掉進水裡都會很快沉下去，何況是這麼大的鐵船呢？

其實，這與船的內部結構有關！輪船並不是鐵塊，它的內部都是被挖空的。

也就是說，船本身的重量比船體排開的水的重量輕，此時船所受的浮力大於重力，所以就能漂在水面上了。不管是多麼重的鐵塊，只要滿足了它所受的浮力大於重力的條件，這鐵塊就能夠練成「水上漂」的神功。

別小看這漂在的水中的鐵塊，它在英國崛起的過程中可是起到了不可替代的作用呢！在拿破崙時代，法國是歐洲的霸主。

當時，就有人曾經向拿破崙建議用金屬製造輪船，以便佔領海上航線。但是，拿破崙對這個建議不屑一顧，甚至傲慢地對建議者說：「金屬怎麼可能漂在水上？你一定是在做夢吧！」

可是沒用多久，英國就斥鉅資建造了用金屬製成的輪船，這樣的輪船顯然要比木質的輪船結實很多，不僅有利於海上運輸，對於奪取海上的軍事霸權也能起到重要的作用。果然，不久之後，英國就成了赫赫有名的海上霸主。

而此時的拿破崙，只能望洋興嘆，怪自己沒學好物理了！

沉沒的巨輪——鐵達尼號

《鐵達尼號》這部電影感動了所有觀看的人，但是這艘巨輪沉沒，與冰山的撞擊是最直接的因素，不過它「受傷」與船體的鋼板也有很大關係。

很多科學家對這艘船的船體鋼板進行了研究發現這些鋼板夾雜了很多可以降低鋼板硬度的硫磺，這讓船體的鋼板變得十分脆弱。脆弱的船體被冰山撞破，大量海水湧入，此時鐵達尼號所受的重力遠遠大於浮力，最終成為死傷人數最多，最讓人悲痛的海難之一。

尋找熱氣球中的浮力

人們使用熱氣球進行旅行之前，都會用繩子把熱氣球拴在地面上，這是因為熱氣球所受到的浮力大於它的重力，如果不用繩子給它施加額外的拉力，它一定不會乖乖地待在半空中，肯定會衝到天空中去。

熱氣球最早是中國人發明的，孔明燈就是一種簡易的熱氣球。傳聞這種燈是諸葛亮發明的，用來傳遞軍事訊號。

而歐洲人到了18世紀才向天空中釋放了第一個熱氣球。十八世紀時，法國的造紙商蒙戈菲爾兄弟受到了碎紙屑在爐火中不斷升起的啟發，用紙袋聚集熱氣，最終使紙袋成功向上飄升。

1783年6月，蒙戈菲爾兄弟在里昂安諾內廣場做了一個公開表演，一個很大的模擬氣球升空。

這個氣球是用糊紙的布做成的，布的接縫處用扣子相連。兩兄弟在氣球下面點火，最後氣球慢慢升了起來，飛行了1.5英里。這就是熱氣球的前身。最先乘坐熱氣球的旅客是一隻小鴨子、一隻公雞和一隻山羊。

同年11月21日，兄弟倆又在巴黎進行了第一次載人空中航行，這次飛行持續了25分鐘，最後落在義大利的廣場附近。

發展到現在，熱氣球已經成了一項很受歡迎的運動方式。1982年美國著名刊物《富比士》雜誌的創始人富比士先生駕駛著熱氣球，帶著摩托車來到中國。這次旅行讓他完成了駕駛熱氣球到世界上每個國家的願望。

熱氣球由球囊、壓力艙和加熱裝置構成。球囊是不透氣的；壓力艙則是一個密封性極好的空間，這個空間能為飛行員提供適宜的溫度、壓力和空氣環境，當然如果只是短途低空飛行，壓力艙也可以用一個大筐代替；加熱裝置是熱氣球的心臟，能一直保持燃燒，即使被風吹，也不會熄滅。

熱氣球的升降與球內的氣溫有關，氣溫高，氣球所受的重力小於浮力，氣球上升；當球體的浮力小於重力時，氣球就開始緩慢下降。因此，氣球的上升與下降都要依靠專業人員調整火源的大小。

物·理·碰·碰·車

底部透明的熱氣球

2010年的國際熱氣球節上，一個乘坐艙的地板完全透明的熱氣球引起人們的注意。在這個熱氣球上，旅客可以透過腳底的玻璃來觀看腳下的風景。乘坐這樣的熱氣球會有什麼樣的感受呢？

這個熱氣球的發明者兼駕駛者克利斯蒂安·布朗表示，乘坐熱氣球的時候，從邊緣看地面就已經很不安了，更何況這景色現在出現在腳下。在這次熱氣球節上，他說：「我最先聽到的都是人們驚奇的呼聲，但是隨著高度的增加，人們都發出了恐懼的尖叫。」

聽了這個介紹，你是不是對透明底的熱氣球很感興趣呢？有沒有勇氣去嘗試一下？

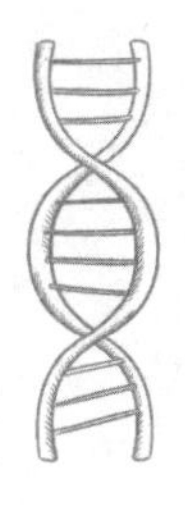

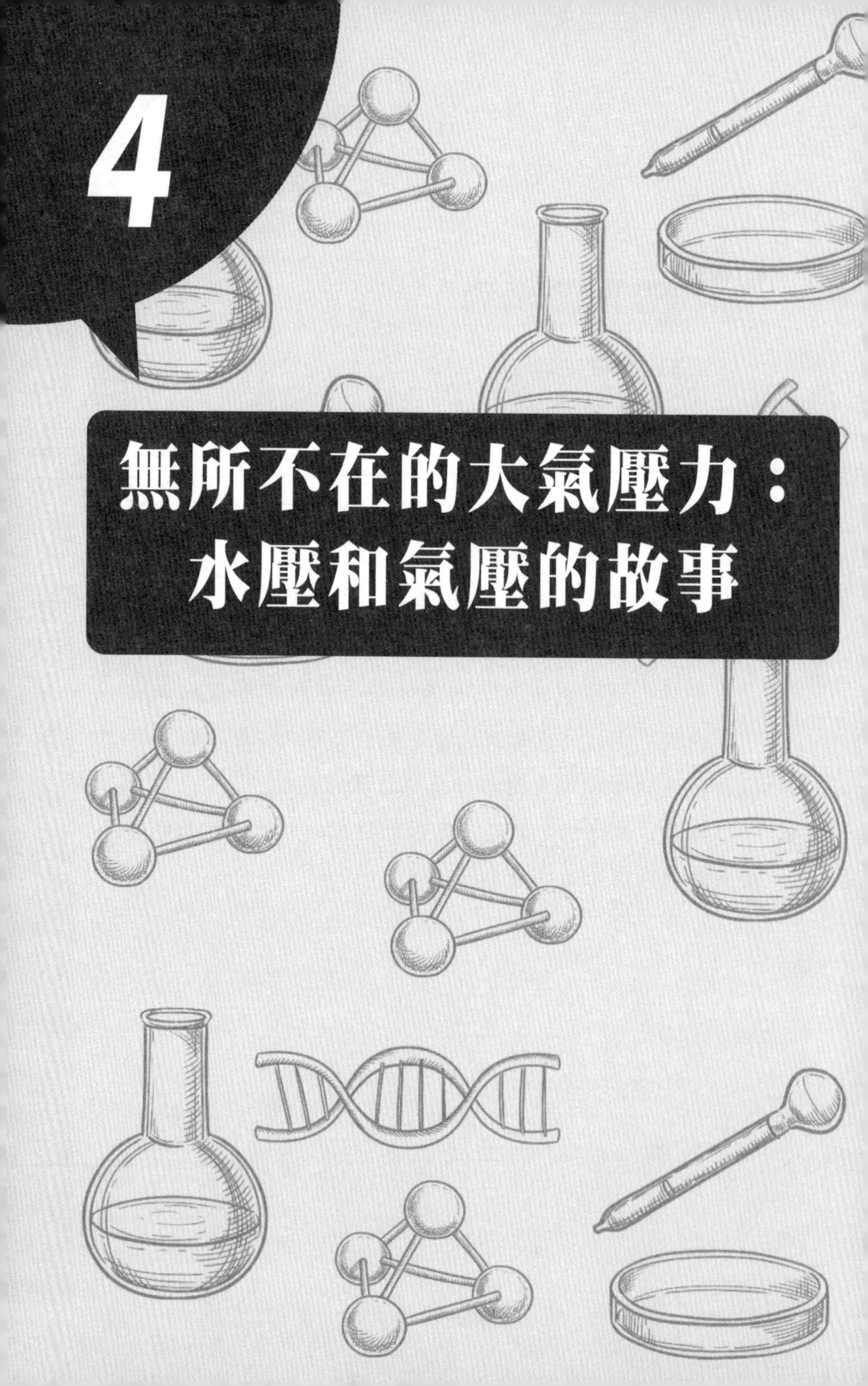

4

無所不在的大氣壓力：水壓和氣壓的故事

拉不開的兩個半球

有兩個空心的半球，把它們合成一個完整的球形，然後讓你把這兩個半球拉開，你能做到嗎？也許你會說：「這太簡單了！我可是個大力士呢！」其實，只要動一點小小的手腳，就算你有八匹馬那麼大的力氣，你也拉不開這兩個半球。

17世紀的時候，德國有一個熱愛科學的市長，名叫奧托・馮・格里克，他決定在自己任職的馬德堡廣場做一個有趣的實驗，邀請市民們前來觀看。

實驗者準備了兩個空心的銅半球，將兩個銅半球合在一起，抽去裡面的空氣，然後兩邊都套上四匹馬，讓八匹馬同時向兩邊用力地拉。看到這一幕，周圍觀看實驗的人不禁啞然失笑，八匹馬拉兩個銅半球，這個實驗是讓大家打發閒暇時間的嗎？

但是結局卻大大出乎人們的意料，不管八匹馬怎麼用力拉，兩個銅半球都緊緊地貼在一起。隨著實驗的進行，實驗者逐漸增加了兩邊的馬匹數量。最後，實驗者一共用了十六匹強壯的馬向兩邊使勁拉，才最終將兩個半球拉開。看到這種情況，人們都感到十分不解，紛紛詢問原因。

此時，市長做出了解釋：「地球周圍有厚厚的大氣層，大氣層產生的氣壓大得驚人。平時大家沒有感覺到大氣壓的存在是因為呼吸使人體內也有壓力，體內的壓力與外界的大氣壓剛好相等，彼此抵消了。但是，銅半球裡的空氣被抽空以後，要拉開兩個半球，就等於是和大氣壓拔河了。十六匹馬的力量才能贏得與大氣壓的拔河比賽，大家可以想像大氣壓是多麼強大！」

聽完市長的這番話，周圍圍觀的市民都不禁感歎大氣壓的強大和市長的聰明才智。你能想到我們的生活中有哪些物品利用了大氣所產生的壓力嗎？

物·理·碰·碰·車

吸盤掛鉤與大氣壓

不知道你有沒有使用過吸盤掛鉤？你貼的吸盤掛鉤能夠持續多久不掉下來呢？如果想要延長它的「服役時間」，建議你在使用掛鉤前把牆壁清理得越乾淨越好。

為什麼要提出這樣的建議呢？回想一下拿掉掛鉤的過程，你是不是先讓掛鉤的一角離開牆面，然後再用力拉下掛鉤呢？

其實你是借助了那些趁機鑽進去的空氣的力量來拿下掛鉤的。如果是垂直用力，那你也是在與大氣拔河！

同樣，如果不想讓掛鉤掉下來的話，大家反其道而行之就可以了。牆面與吸盤之間沒有空氣的話，掛鉤就會被大氣壓緊緊壓在牆上，很難掉下來。

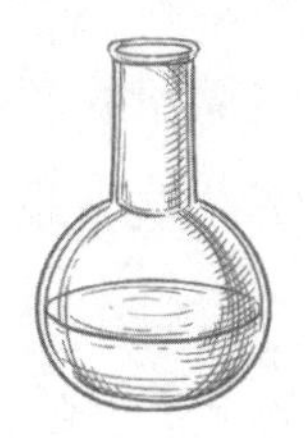

起義的二氧化碳

喝完可樂，是不是總有氣體從肚子裡往外竄呢？這些氣體就是二氧化碳！平時，它們藏在水裡面，進入肚子之後，它們就從水裡跑出來，同時帶走我們體內的一些熱氣。這就是喝完可樂之後總是感覺很涼爽的原因。不過，你一定想不到，如果二氧化碳「起義造反」，你有可能變成一顆人體炸彈，「砰」地一聲就消失了！

1842年，世界上第一條過江隧道誕生，它長達459公尺。隧道通車的那天，建築者們在隧道裡舉行了一個小型宴會，他們喝了很多香檳來慶祝隧道通車。

奇怪的是，人們打開瓶蓋的時候，冒出的香檳不是像往常一樣往上噴，喝在嘴裡的酒味道似乎也跟往常不一樣。不過，大家的心情都很高昂，所以並沒有在意這樣的小事情。宴會結束的時候，喝了大量香檳酒的客人從隧道裡走向地面的時候，肚子突然非常不舒服，外套被肚子撐得圓鼓鼓的，喝進去的酒在肚子裡翻江倒海，似乎馬上就要從耳朵裡、鼻孔裡噴湧而出。

有些比較聰明的人意識到是肚子裡的香檳酒不對勁，於是勸大家回到隧道深處休息，等到食物消化之後再走出去。後來，其中一位跟他的物理學家好友提到這件事時，那位物理學家說：「幸虧你們回到了地面以下，要是強行走上來，後果不堪設想。」

原來，香檳酒和汽水等清涼飲料中都溶解有大量的二氧化碳氣體，常溫常壓下，二氧化碳是一種無色無味的氣體。不過，二氧化碳並不能被腸胃吸收，所以很快就會從口腔裡跑出來。其原因是二氧化碳並不情願被關在水裡，所以必須對它施加壓力。

壓力越大，溶解的二氧化碳越多，蓋緊汽水的瓶蓋，二氧化碳就被牢牢地關在裡面。打開瓶蓋的一瞬間，壓力驟減，二氧化碳氣體爭先恐後地衝出來，夾帶著汽水或酒就形成了泡沫。

不過，地底下的大氣壓力要比地面高，所以跑出來的氣體要少一些，留在酒裡的氣體會多一些。在這樣的環境中喝酒，人們喝進肚子裡面的就會比正常時要多。

當建築師們走上地面的時候，由於氣壓減少，二氧化碳氣體會從酒中掙脫出來，一時排不出去，就會把肚子撐得滾圓，使人非常難受。如果行動很迅速，喝的酒還很多的話，肚子就可能會被脹破。當他們重新返回地下的時候，氣壓增大，二氧化碳氣體又被壓進肚子裡面，不再繼續往外跑，人就又能夠忍受了。不過，總在地底下待著也不是辦法，最好就是用極緩慢的速度從地底下走上來，讓二氧化碳氣體慢慢地排出體外。

高原反應與大氣壓

「高原反應」這個詞我們都不陌生，生活在平原上的人去西藏之後很容易出現「高原反應」，有些適應力差的人甚至爬稍高的山時都會出現「高原反應」。

那麼高原反應與大氣壓之間有什麼關係呢？科學家研究證實，海拔高度越高，大氣越稀薄，大氣壓自然就會變小。大多數人生活在平原上，所以適應平原上的氣壓。突然登到高處，氣壓突然降低，人體內的氣壓值大於外界氣壓值。

為了維持身體內外的平衡，人體內的氣壓也會變小，此時氧氣無法滿足身體的需要，身體會因此產生一系列不適，這就是高原反應。

海底一萬公尺的壓力世界

不攜帶換氣裝置的自由潛水運動非常危險，那麼乘坐潛水艇到達海洋深處是否就很安全呢？下面的探險故事也許能告訴你答案。

「挑戰者深淵」位於西太平洋關島附近的馬里亞納海溝，是地球上最深的地方。

「挑戰者深淵」深度達到11000公尺，即使把珠穆朗瑪峰扔進這個地方，峰頂距離海面還有2000公尺。這個地方的壓力是海洋表面壓力的1100倍。別說自由潛水，就是潛艇，在面對這樣的極端環境時也可能會失靈。

1960年，兩位冒險家雅克・皮卡和唐・沃爾什駕駛著瑞士製造的潛艇「里雅斯特號」進行了第一次「挑戰者深淵」的載人下潛。這個潛水器就像一個直徑為兩公尺的鋼球，懸掛在一個巨型油罐下面。他們下潛了9個小時，但是只停留了20分鐘，測量到的下潛深度是10911公尺。

35年後，日本的遙控潛艇「海溝號」出現在「挑戰

者深淵」，創下10911公尺的無人探測的深度記錄。它拍到了很多生物照片，包括海參、蠕蟲和蝦等。

2003年的時候，「海溝號」與水面船隻相連的纜繩突然斷裂，「海溝號」潛艇因此神祕地失蹤了。也許它靜靜躺在海溝最深的地方，也許它承受不住海底的巨大壓力，已經變成碎片。

正如「海溝號」所記錄的那樣，在海底一萬公尺的地方，那裡並不是一個毫無生機的寒冷世界。那裡生活著很多不為我們所知的生物，它們的存在給海底帶來了勃勃的生機。

科學家對馬里亞納海溝的生物非常感興趣，如果能夠揭開這些生物的抗壓之謎，也許不久之後我們就能夠造出類似的抗壓潛艇。

那時候，乘坐潛艇去地球上最深的地方也許只是我們假期的一個旅遊項目而已。

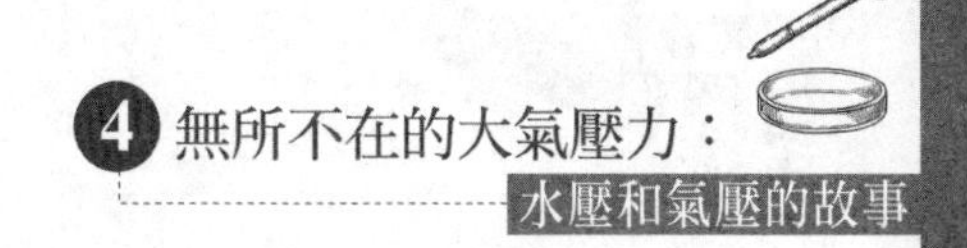

物·理·碰·碰·車

「無人之地」變「潘朵拉星球」

作為一名熱愛潛水運動的人，卡麥隆拍攝完《阿凡達》之後，挑戰了馬里亞納海溝，他下潛到了10898公尺的地方。在這之前只有唐・瓦爾什和雅克・皮卡爾曾經到達過這裡，但是敢於隻身潛入萬米海底的，卡麥隆是第一人。

他所乘坐的潛水裝置高7.3公尺，駕駛艙的寬度僅1.1公尺，承壓鋼板有6.4公分厚。不過，原定6小時的旅程，由於潛艇漏油而縮短到3個小時。但是卡麥隆透露，如果拍攝《阿凡達2》，他在馬里亞納海溝中看到的一切都會成為《阿凡達2》的素材，這片萬米深處的無人之地，也許未來會變成大銀幕上的「潘朵拉星球」，到時候我們不用潛水就可以看到1萬公尺以下的世界了。

比大象還可怕的高跟鞋

在力氣相同的情況下，針能夠輕易穿透厚厚的絨布和紙板，而頭部同樣很尖的鈍釘子卻很難做到這一點，有時候加大力氣，釘子也沒有辦法穿透紙板。這是怎麼回事呢？要回答這個問題，我們首先要瞭解一個詞：壓強。

壓強表示物體單位面積上所受力的大小的物理量，它與受力面積成反比，與壓力成正比。所以，同樣的力量分別用在針和釘子上，和針接觸的受力面積肯定要比釘子的小得多。

針尖產生的壓強要比釘子產生的壓強大得多，因此針尖能夠輕鬆地穿透絨布，而鈍釘卻不能那般輕鬆。經過這樣的分析，我們就應該意識到，在考慮力的作用時，既要考慮力的大小，也要考慮受力面積的大小，同樣的力作用在1平方公分的地方，跟作用在1／100平方毫米上產生的效果肯定不同。

清清和小玲對上面這個原理理解得非常清楚，原因就要從她們搭公車上學說起了。這天清清和小玲像往常一樣搭公車去上學。

那天公車上人非常多，人跟人都擠在一起。清清和小玲分別站在兩個年輕的女性身後。這兩個女性，差不多胖瘦，但是一個穿的是高跟鞋，一個是柔軟的雪地靴。忽然汽車一個急剎車，這兩位女性都沒有站穩，分別踩了清清和小玲。清清被「高跟鞋」踩了一腳，疼得齜牙咧嘴，嘴裡叫著：「好痛喔！」小玲則好像什麼事都沒發生一樣，還嘲笑清清柔弱。

到了學校之後，清清的腳還在疼，脫鞋一看，腳趾頭已經瘀血了。清清和小玲都很納悶，這倆人差不多重，都是踩了我們一腳，怎麼受傷情況差這麼多呢？直到她們學習了壓力和壓強的關係，這個問題猜得到了解決。大家能否用壓強的觀點來解釋一下這個現象呢？

如果受力面積夠大的話，即使是大象踩到了我們的身體，大家也不會受傷；但是如果受力面積很小，比如尖細的高跟，即使所受的力不大，大家也可能會因為壓強過大而受傷。幸運的是，這世界上沒有穿著高跟鞋的大象，否則牠一定是讓世人為之震顫的超級霸主！

物·理·碰·碰·車

黃蜂的強大力量

黃蜂螫人的時候非常疼，這不僅是因為刺中帶有毒液，更多的是因為牠的刺所產生的壓強非常大。黃蜂的刺比人們想像中鋒利好幾倍。人造器械中，即使是再鋒利的設備也要比黃蜂刺鈍很多。

顯微鏡下的黃蜂刺尖而光滑，沒有任何凸起物。再用超顯微鏡觀察，我們看到的刺是山峰一樣的形狀。而超顯微鏡下的刀刃，看起來就像鋸子或山脈。

這樣比較起來，黃蜂的刺要比剃刀鋒利許多。所以，黃蜂在螫人的時候，即使用力不大，也會讓人感覺十分疼痛。

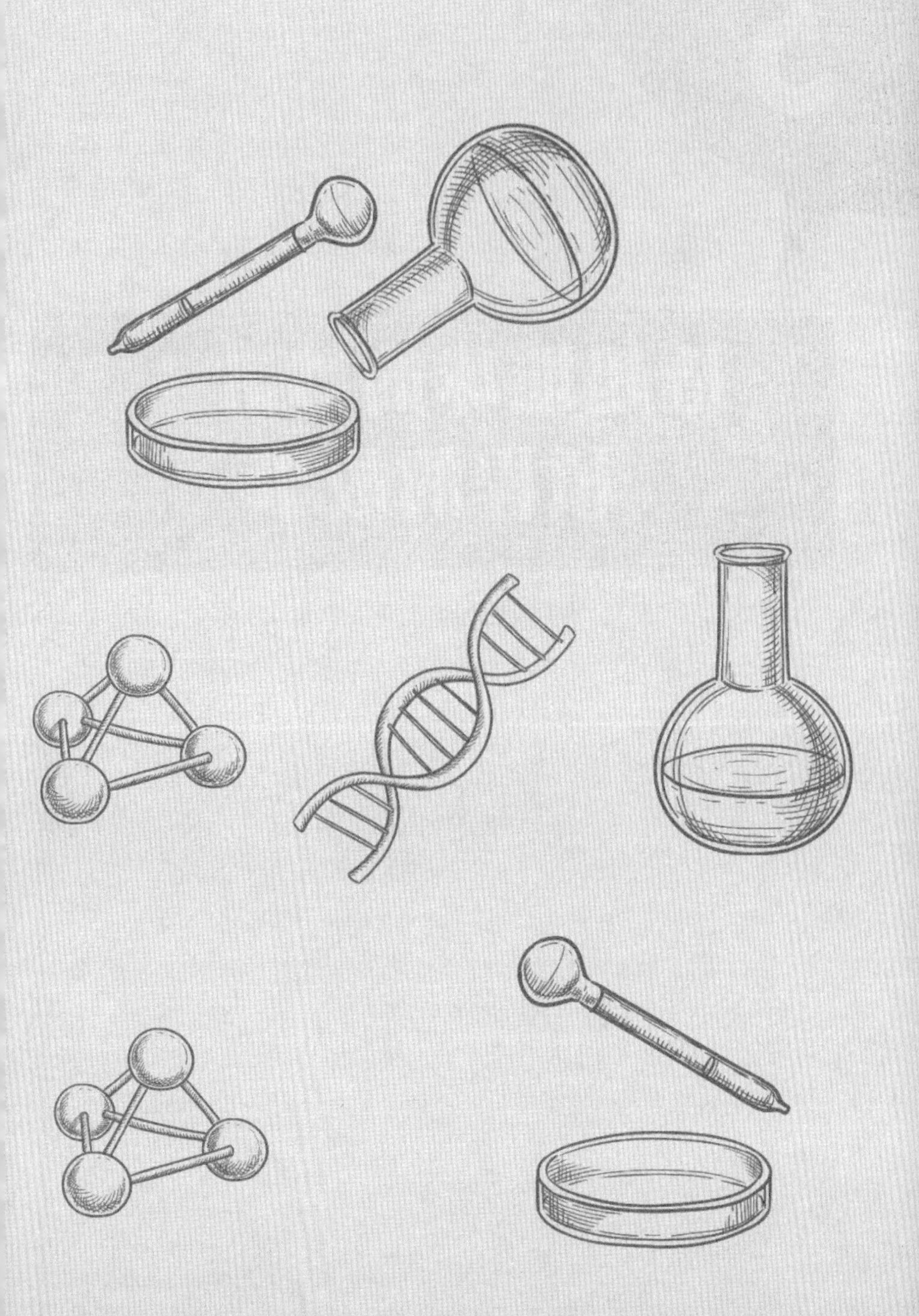

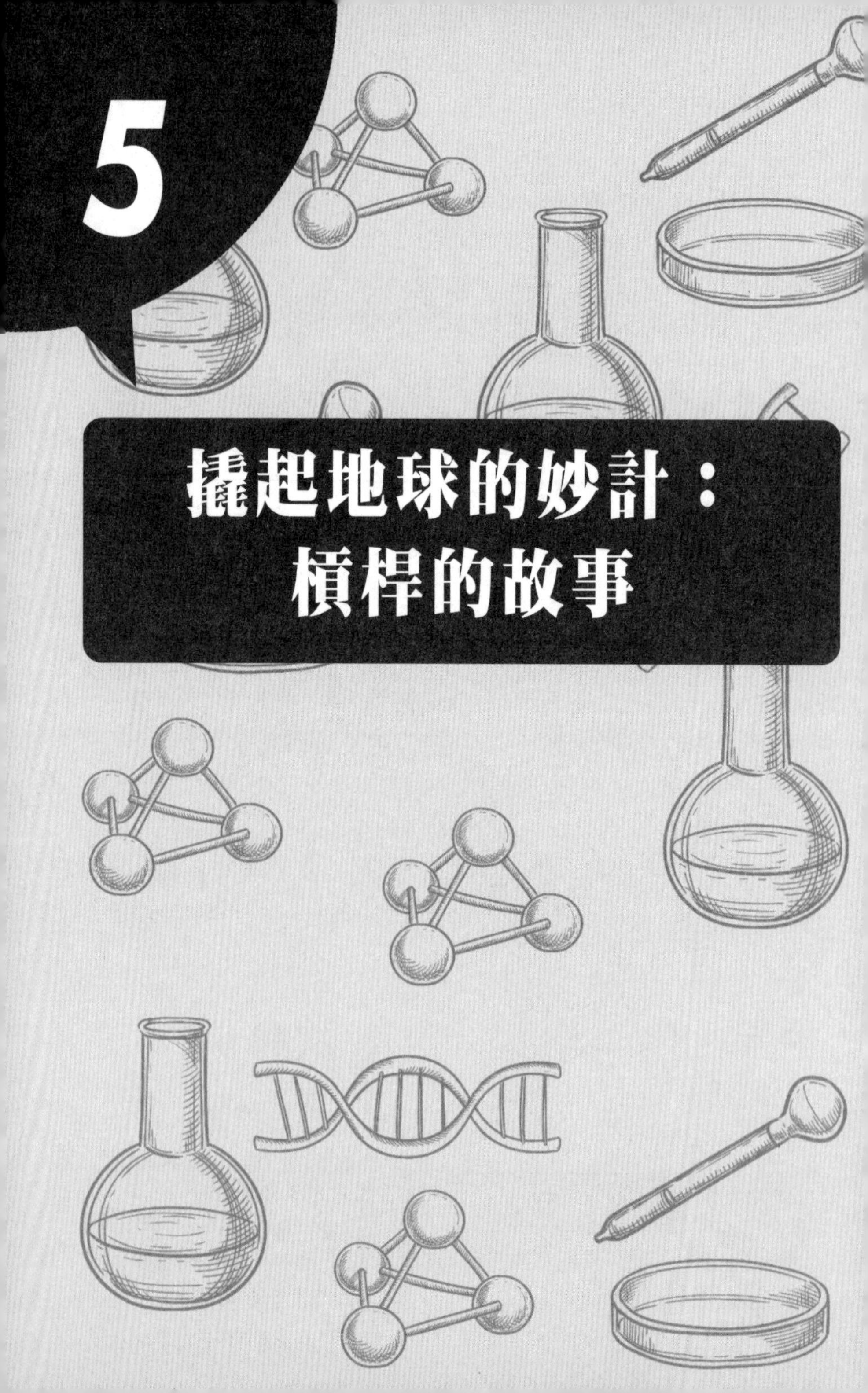

5

撬起地球的妙計：槓桿的故事

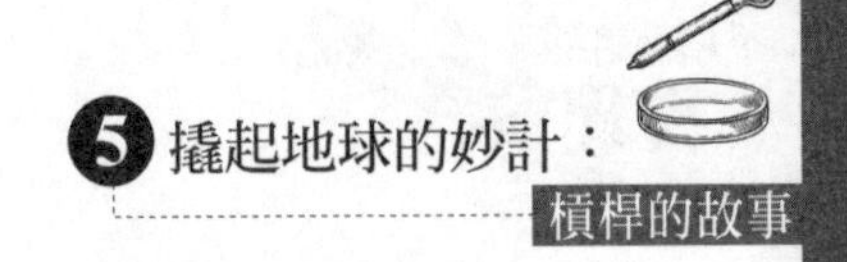

阿基米德的狂言

阿基米德不僅是個理論家，也是個實踐家，他一生熱衷於將自己的科學發現與實踐結合起來。在埃及，西元前1500年左右，就有人用槓桿來抬起重物，不過當時的人們並不知道它的道理。阿基米德潛心研究了這個現象，最終發現了槓桿原理。

當時的國王為埃及的國王製造了一條船，體積非常大，重量也很大，因為不能挪動，所以擱淺在海岸上很多天。阿基米德設計了一套很複雜的槓桿滑輪系統安裝在船上，然後把繩索的一端交到國王手上。國王輕輕地拉了一下繩索，奇蹟突然出現，大船緩緩地移動起來，並最終進入海裡。國王對這件事情感到非常驚訝，對阿基米德也更加佩服，還讓人貼出告示說「今後不管阿基米德說什麼，大家都要相信他。」

阿基米德曾經說過這樣的狂言：「假如給我一個支點，我就能推動地球。」在他的眼裡，只要把外力施加到槓桿的長臂上，將短臂作用於物體，就能撬動任何重

量的東西，因此他認為撬動地球對他來說並不是什麼難事。

但是他忽略了地球的特質，即使我們能夠找到一根足夠長的槓桿，以地球的重量來說，要撬起1公分的高度也需要三十萬億年。即使阿基米德的手動得像光速那麼快，他也至少需要十幾萬年的時間才能實現自己撬動地球的豪言壯語。

不過你可千萬不要因此認為阿基米德是騙子，雖然他確實無法撬動地球，但他發現的槓桿原理卻對人類的確是非常有用的。下面，來認識三種槓桿類型吧！

支點在動力點和阻力點之間的槓桿，稱為第一類槓桿。由於動力點和阻力點在支點的兩側，因此這類槓桿可以調節兩個力並使它們保持平衡，典型例子是天平。當然，小孩子愛玩的蹺蹺板也是第一類槓桿的一種。

阻力點在動力點和支點之間的是第二類槓桿。很明顯，這類槓桿的動力臂長於阻力臂，所以可以用較小的力來撬動較大的物體，屬省力槓桿。核桃夾子就屬於第二類槓桿，此外，門、跳水板等也屬於這類槓桿。

第三類槓桿是動力點在支點和阻力點之間的，稱為第三類槓桿。跟上一個相反，這類槓桿的動力臂比阻力臂短，是費力槓桿，但卻能節省距離。像鑷子、鉗子、筷子等短小的工具，就屬於這類槓桿。雖說用起來費力，但卻能幫人們完成很多精細工作。

物·理·碰·碰·車

什麼是槓桿

在力的作用下，圍繞固定點轉動的堅硬物體叫槓桿。它的妙處在於可以讓我們用較小的力抬起很重的物體。

你一定熟悉這些東西：打孔用的打孔機、釘書機、筷子，釘釘子的榔頭，捕魚的魚竿等。這都是常見工具，它們都是根據槓桿原理製造出來的，你能找出它們各自的支點以及動力臂和阻力臂嗎？

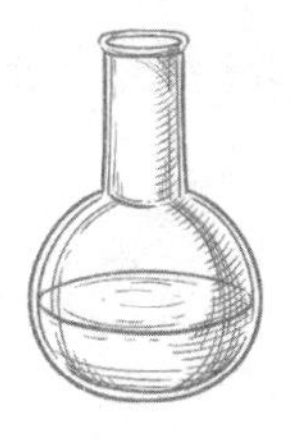

四兩真能撥千斤

「四兩撥千斤」是一種神奇的招式，就是可以用很少的力量戰勝力大無比的人，不過這種功夫似乎只出現在虛幻的武俠小說中，現實生活中有沒有「四兩撥千斤」這樣的妙招呢？

其實，經常出現在我們生活中的秤就是「四兩撥千斤」的高手，想練成這樣的絕活，首先要掌握的就是「槓桿原理」。

這天，正在上小學的君君、琪琪、玲玲正坐在實驗室裡完成老師交代的實驗題。上周，他們剛剛學習了槓桿原理，知道了如何用桿秤秤出物體的重力。他們先拿來一本字典，秤出它是2.4公斤，一會兒又秤出一隻小貓是1.8公斤。

不過，這只是這些物體的重量，要想知道這些它們所受的重力，還要乘以9.8牛頓／公斤。

做完老師交代的作業，君君的目光轉向了實驗室外面的大石頭。

「能秤院子裡那塊大石頭嗎？」君君問。

「這裡的秤最多才秤10公斤，看樣子秤不起來。」琪琪回答。

「大石頭接近長方體，量出長、寬、高，算出體積。每立方公尺的石頭質量是2.5噸，再用體積乘以密度就可以知道它的質量了。」玲玲反應很快。

君君、琪琪都點頭稱是，可是很快君君就提出了不同意見：「不同的石頭密度不同，我們沒法確定這塊石頭的密度啊！」

「那怎麼辦？」

「槓桿原理。剛才我們用不到1公斤的秤砣秤起了10公斤重的東西。我們可以再用一次槓桿原理啊？」君君說出這個想法之後，琪琪和玲玲的好奇心馬上就被激發起來了。

他們找來一根2公尺左右粗細均勻的鐵棍、幾根繩子，又邀了幾個大人來幫忙。他們先用繩子把大石頭拴好之後，把它掛在鐵棍中央。幾個人在緊靠鐵棍中央5公分的地方，用繩子拴了個套，兩個大人用棍抬起來；在鐵棍的另一頭，也用繩子拴個套，一個大人用杆秤鉤住。

君君喊一聲：「起！」桿秤秤出是10公斤整。「放！好了，我們能算出大石塊的質量了。」君君說。

「以兩個大人抬的地方為支點，」琪琪很快列出槓桿公式：

石重×5公分＝10公斤×(100+5)公分

根據這個公式，他們算出石頭重210公斤。

「不對！」玲玲忽然說，「石頭的重量不是210公斤。」

「我算錯了？」琪琪疑惑地說。

「沒算錯，但沒算完。」經玲玲一提醒，君君也立刻悟出道理，看到琪琪疑惑的表情，君君補充了一句：「還沒去掉鐵棍的重量呢！」

聽到這裡，琪琪恍然大悟，他們馬上秤出了鐵棍重7公斤。

「那麼，石頭的重量是203公斤！」終於算出了結果，三個人異口同聲地歡呼起來！

下次遇到類似的事情，你準備好使用「四兩撥千斤」大法了嗎？

物·理·碰·碰·車

槓桿的平衡條件

想要利用槓桿原理計算某個力的大小，首先要讓槓桿達到平衡狀態。

槓桿達到平衡的時候要滿足的條件是：

動力×動力臂=阻力×阻力臂

那麼什麼是動力臂和阻力臂呢？

從支點到力的作用方向的距離叫做「力臂」，其中，從支點到動力作用線的距離叫「動力臂」；從支點到阻力的作用線的距離叫作「阻力臂」。

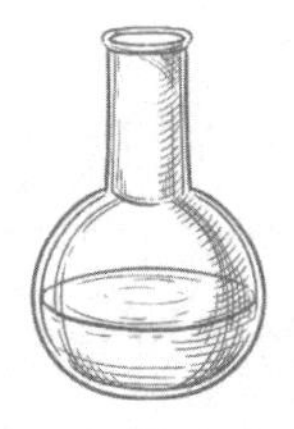

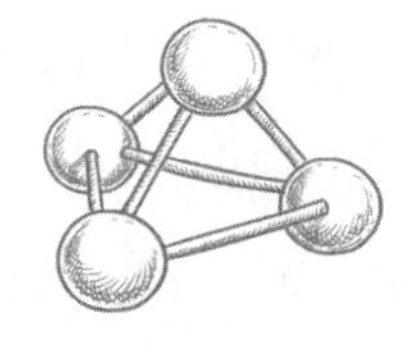

我們身體中的槓桿

人體內也有槓桿？不會吧？這當然是真的！下面我們就尋找一下體內的槓桿。

小紅和小明是物理小組的成員，這天他們按照老師的要求尋找身體內的槓桿。正當小紅托著腮冥思苦想時，小明忽然哈哈大笑起來：「小紅，我已經找到一個槓桿了！」「在哪呢？」「妳的腦袋。」看著小明滑稽的樣子，小紅很生氣地說：「趕緊找，別開玩笑了！」

這時候小明一本正經地說：「我沒開玩笑。」說完就詳細地給小紅分析起來。原來人點一下頭或者抬一下頭都是靠槓桿的作用，我們的頭這個槓桿的支點是脊柱，這個支點的前後都有肌肉，這些肌肉配合起來，有的收縮有的拉長，就形成了低頭和抬頭。

說到這裡，小明的發現啟發了小紅，她也發現了一個新的槓桿，那就是手臂。她說當手肘彎曲把重物舉起來的時候，手臂也是一個槓桿。這個時候肘關節是支點，支點左右都有肌肉相連。這種槓桿是個費力槓桿，每當舉起一份重量，肌肉要花費6倍的力氣，不過雖然費力，但是卻可以節省距離。接著小紅又說：「當我們把腳尖翹起來時，腳尖是支點，腳跟後面的肌肉在起作用，這是一個省力槓桿，因為肌肉的拉力比體重要小，腳越大越省力。」

看了小紅和小明的發現，你能不能找到我們身體內的其他槓桿呢？雖然說人體內的槓桿大多數屬於費力槓桿，正是因為有了它們，我們的身體才能協調運動哦！

物·理·碰·碰·車

變形的槓桿

早在西元前388年，墨子和他的弟子所著的《墨經》中就有關於滑輪的記載。中心軸固定的滑輪叫定滑輪，是等臂槓桿的變形，不能省力但可以改變力的作用方向。中心軸跟重物一起移動的叫動滑輪，是不等臂槓桿的變形，可以節省一半力，但不能改變力的方向。

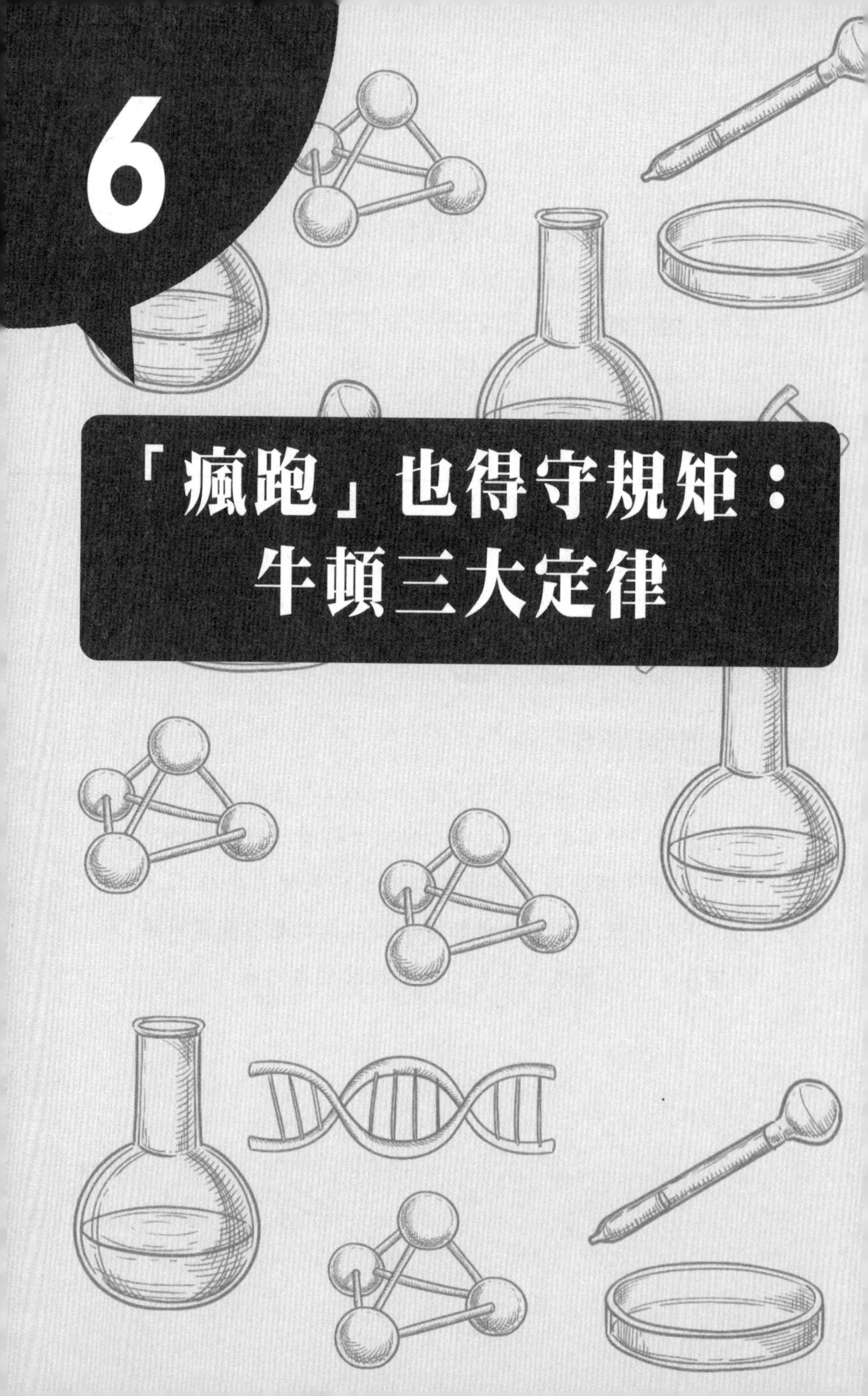

6

「瘋跑」也得守規矩：牛頓三大定律

滿世界瘋跑的「力」

除了我們前面介紹的幾種力之外，彈力也是力學世界中的貴族。與其他的力一樣，它也經常化了妝之後去為難參加考試的小朋友們，偶爾也會扮演殺手去做壞事。

曾經兩次獲得奧林匹克馬拉松冠軍的埃塞俄比亞選手阿貝貝遭遇了一次車禍之後，只能在輪椅上生活。有一次他受邀去拜訪一位世界著名的畫家，這畫家也是坐在輪椅上的殘疾人。

畫家住在倫敦郊外的古城堡裡，阿貝貝與使館的人員一起前往。祕書出來迎接之後，還用電話與畫家所在的四樓進行聯繫。畫家客氣地說：「請阿貝貝先生用茶，我這就搭電梯下來。」

當電梯下到一樓時，所有的來客都嚇壞了。畫家坐在輪椅上奄奄一息，脖子上刺著一把短劍，劍柄上是一根很粗的橡皮筋。他們趕緊把畫家推出來安置好。

「奇怪，畫室裡只有畫家一個人啊！」祕書還告訴阿貝貝和使館工作人員說，除了電梯，樓裡還有一個螺旋樓梯。「我們上去看看。」阿貝貝坐著輪椅進入電梯，畫家祕書則領著使館人員由螺旋樓梯上去。他們在四樓會合之後，沒發現可疑的地方。

「我去看看電梯上下經過的豎道裡是不是有異常情況。」祕書悲傷地說。使館人員報警後也跟了上去，卻找不到祕書了。這時候阿貝貝忽然想起那把劍以及上面的橡皮筋，還有電梯頂棚上的通風口，便對員警說：「那個祕書就是殺人犯！」

阿貝貝說，祕書一直覬覦畫家的成果，他想利用這次我們來訪之機，嫁禍於人，就預先在樓頂拴了一根又粗又長的橡皮筋，這橡皮筋下端拴了一把短劍，透過電梯上面的通風口懸掛在電梯裡。畫家乘電梯時，因為是坐輪椅，他只能在電梯間的正中間，也就是短劍的下方。當電梯下降時，短劍擋在電梯裡，橡皮筋被拉長，短劍受到向上的拉力，壓在電梯頂部。當橡皮筋的伸長遠遠超過彈性限度時，就會被拉斷。這時，懸空的短劍就會落下刺中畫家。

其實，除了彈力之外，我們生活的世界中任何地方都有「力」的身影，它們就像活潑的小孩，滿世界亂跑，這裡做點好事，那裡幹點壞事，無處不在，無時不在。放下手裡的書，找找看你的周圍都有哪些力在調皮。

物·理·碰·碰·車

「橡皮筋定律」

其實橡皮筋的受力情況是有規律可循的，這個規律就是「橡皮筋定律」，不過它的學名叫做「胡克定律」或者「彈性定律」。這個定律是胡克最重要發現之一，也是力學最重要的基本定律之一。胡克定律指出：「在彈性限度內，彈簧的彈力和彈簧的長度變化量成正比。」為了證實這一事實，胡克曾做了大量實驗，包括各種材料所構成的各種形狀的彈性體。

站在巨人肩膀上的牛頓

現在我們知道了，世界上到處都是瘋跑的力，一個不小心，我們就可能和它們撞個滿懷。但是，不管它是多麼調皮的力，都要聽三個老師的話，這三個「老師」就是「牛頓三大定律」，它們是偉大的科學家牛頓發現的，適用於所有的力。

牛頓出生於1643年1月4日，家鄉是英格蘭林肯郡鄉下的一個小村烏爾斯索普。由於早產，新生的牛頓十分瘦小。從5歲開始，牛頓進入公立學校讀書。那時的牛頓並不是神童，只是喜歡讀書，偏愛一些介紹簡單機械模型製作方法的讀物，然後自己動手去做一些奇怪的小玩意。

12歲的時候，牛頓進入了離家不遠的格蘭瑟姆中學。他的母親希望他識字之後就回去安心地做一個農夫，但是牛頓卻酷愛讀書，不想回鄉種田。但是最終沒有拗過母親，被帶回了家裡。

回家之後，他常常忘記工作，經常讓僕人自己去種田，他則躲到樹下看書。不久，這件事情被舅舅發現了，於是在舅舅的幫助下，牛頓又回到了學校，而且成了他們學校最優秀的學生。

1661年6月，他進入了劍橋大學的三一學院。在那裡，牛頓接觸了笛卡爾等現代哲學家的思想以及伽利略、哥白尼和開普勒等天文學家更先進的理論。

1665年，他發現了廣義二項式定理，並發展出一套新的數學理論，也就是後來的微積分。在1665年，牛頓獲得了學位，而大學則為了預防瘟疫而關閉。此後的兩年裡，牛頓則在家中研究微積分、光學和萬有引力定律。也就是在這期間，那顆著名的蘋果砸中了當時最聰明的頭腦。

1687年，牛頓出版了《自然哲學的數學原理》，書中闡述了牛頓的三大運動定律，在以後的幾百年裡，這定律都被視為真理。由於力學上的成就，牛頓得到了國際性的認可，他也贏得了一大群「粉絲」。有人問他是如何想到這麼完美的定理時，牛頓謙虛地說：「如果說我取得了一點成就，那也是因為我站在巨人的肩膀上。」

1727年3月31日，偉大的科學家牛頓逝世，他被埋葬在威斯敏斯特教堂，墓誌銘是這樣寫的：「讓人們歡呼這樣一位多麼偉大的人類榮耀曾經在世界上存在。」從這墓誌銘也可以看出，人們對牛頓的崇拜已經到了無以復加的程度。

物理碰碰車

牛頓的研究趣聞

牛頓對於科學研究非常專心，甚至到了癡情的地步。有一次牛頓煮雞蛋，一邊看書一邊工作，糊裡糊塗中竟然把一塊懷錶扔進了鍋裡。

另外一次，牛頓請人吃飯，準備好飯菜後，自己卻鑽進了研究室，朋友等了半天不見人影，於是吃完就不辭而別了，牛頓出來時發現桌上只有殘羹冷飯，說道：「原來我已經吃過了。」說完就回去繼續進行研究。

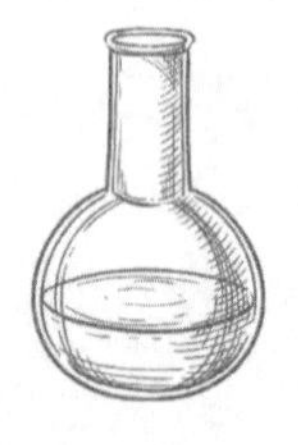

「墳墓怪事」中的力學祕密

墳墓中安放的球竟然自己發生了移動，這件事情實在太詭異了！莫非真的有靈魂在作怪？當然不是。那是怎麼回事呢？我們跟著柯南道爾去破解這個謎案吧！

柯南道爾是《福爾摩斯探案集》的作者，不僅小說的主角福爾摩斯是一個斷案如神的大偵探，柯南道爾本身也是一個見多識廣的推理專家。有一次，柯南道爾去英國北部旅行，一位男爵夫人找到他，希望他能幫自己解開一個五年未解之謎。

「五年前，我丈夫去世了。他生前最愛打高爾夫，囑咐我給他造一個像高爾夫球那樣的墳墓，我照做了。墓是朝南的，墓地是一塊很大的長方形石面，石面上有一個淺淺的坑，坑裡放著一個直徑80公分的大理石球，球上朝南的一面雕刻了一個十字架。墓地四周有高高的鐵柵欄，根本沒人能進去。」男爵夫人說。

「然後呢……」柯南道爾追問道。

「自從我丈夫去世，我每年冬天都去法國南部度假，那裡冬天比較暖和，我的心情也會好一點。但每年春天回來掃墓的時候，都會發現大理石球的南面向下轉了一點。現在十字架都有一部分被壓到了下面。這個現象只發生在冬季，其他季節沒有。到底是誰滾動了大理石球呢？還是說我丈夫的靈魂要出來，想和我一起去法國南部過冬呢！」

柯南道爾與男爵夫人進入墓地去查看。那石面上的淺坑裡存著一些水，周圍長滿了苔蘚。柯南道爾估計那大理石球大約有5噸重，應該沒人能撬動它。難道真的是她丈夫靈魂的力量嗎？

作為推理專家，柯南道爾可不會相信這樣的解釋。這時，柯南道爾的視線又落到淺坑的積水上。

他忽然找到了解謎的「鑰匙」：「夫人，那不是靈魂的力量，而是冰和水的力量。這裡冬天的夜晚溫度在0℃以下，淺坑裡的積水就會結成冰，而冰的體積要比水的體積大。到了白天，由於陽光照射，球南面的冰會融化，而球北面沒接受到陽光照射，冰不會發生改變。這時，球兩邊的受力就不再平衡了。南邊沒有冰的支持力，它就會向南滾動。這樣一整個冬天累積起來，球就會轉動得比較明顯了。」困擾了男爵夫人五年的謎題就這樣被解開了。

當作用在一個物體上的力能夠彼此抵消的時候，這個物體所受的力就是平衡的，此時物體不會移動，平衡被打破之後，物體就會運動起來。

其實很多怪事都並不奇怪，我們要學著從科學的角度破解怪事謎案。

物理碰碰車

牛頓第一定律

牛頓第一定律是這樣說的：任何一個物體在不受任何外力或者所受的力是平衡力的話，它總是能夠保持靜止狀態或者等速直線運動狀態，直到外力迫使它改變這種狀態為止。

故事中的大理石球開始的時候就是處於受力平衡狀態，夜晚的時候南北兩面的冰給它相同的支持力，二者抵消，所以大理石球受力平衡。當南面的冰融化，平衡狀態就被打破，大理石球在北面的冰的支持力下就改變了原有的狀態。

思考一下，假設我們有一個玩具小車，它的速度非常快，把它放到完全沒有摩擦的水平面上，它會怎樣運動下去呢？

你打了我還是我打了你

牛頓的力學三大定律是物理學中著名的定律。而最難理解的就是第三大定律：作用力與反作用力。

牛頓第三定律說作用力永遠等於反作用力，舉例來說，當我推了你一下的同時，你也給了我一個同樣大小的推力。

前蘇聯的「切留斯金」號曾去北極考察，但是他們卻在那裡遭遇了沉船的事故，所幸最終這些人都被飛行員救了回來。不過，這個例子倒是很好的作用力與反作用力樣本。

當時，北極巨大的浮冰緊緊地擠壓著「切留斯金」號的船身，船舷受到北極浮冰強大的壓力，與此同時，浮冰對船身施加同樣大小的反作用力。

冰塊體積巨大，所以能夠抵擋船舷的壓力，當時「切留斯金」號的船身卻承受不了這麼大的反作用力，於是在強大的壓力下破碎了。如果這船的船身是實心的，可能還可以抵擋一陣，但是空心的船身最終造成了慘劇。

牛頓的這個定律同樣適用於自由落體運動。我們就用落地的蘋果為例。由於地球引力，蘋果落到地上，而事實上，蘋果對地球同樣有引力，而且這個引力與地球引力大小相等。儘管兩力大小相等，但兩個力作用產生的加速度卻有著天壤之別。

蘋果下落的加速度大約有10公尺／秒，而地球的質量是蘋果的無數倍，所以地球向蘋果移動的距離幾乎可以忽略不計。

也就是說，在蘋果落在地球上的同時，地球也落在了蘋果上，但是地球下落的距離被我們忽略了，所以我們說蘋果落到地上，而不說地球落到了蘋果上。

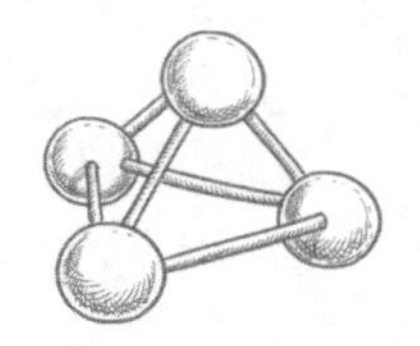

物·理·碰·碰·車

製作一個小火箭

想要火箭升空，首先我們需要找一個空曠的地方，以免誤傷他人。然後準備好一個礦泉水瓶子、一個酒瓶木塞、自行車的打氣筒、氣針和釘子。下面，讓我們一起來感受作用力和反作用力的魅力！

一、把釘子插進軟木塞中，然後再拔出來。

二、將氣針塞進釘子拔出後留下的洞裡。

三、在礦泉水瓶中加入大約1／5的水，把木塞堵在瓶口處。

四、把氣針的另一端和自行車的打氣筒連接起來。

五、把礦泉水瓶倒放在一個適當的發射平臺上，維持它不會倒下。

六、用自行車打氣筒向著礦泉水瓶中打氣，然後你就可以靜靜地期待火箭升空的激動時刻啦！

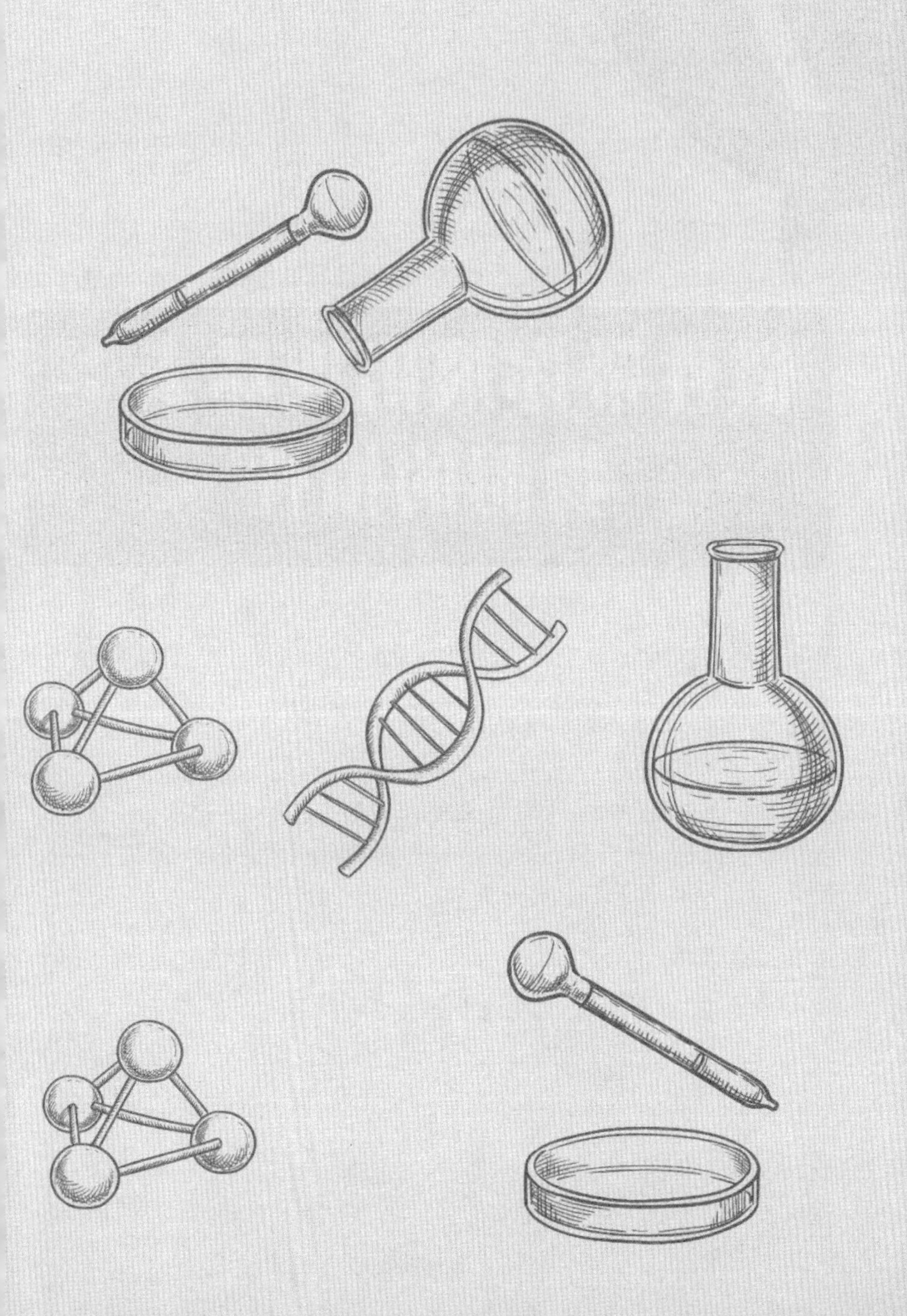

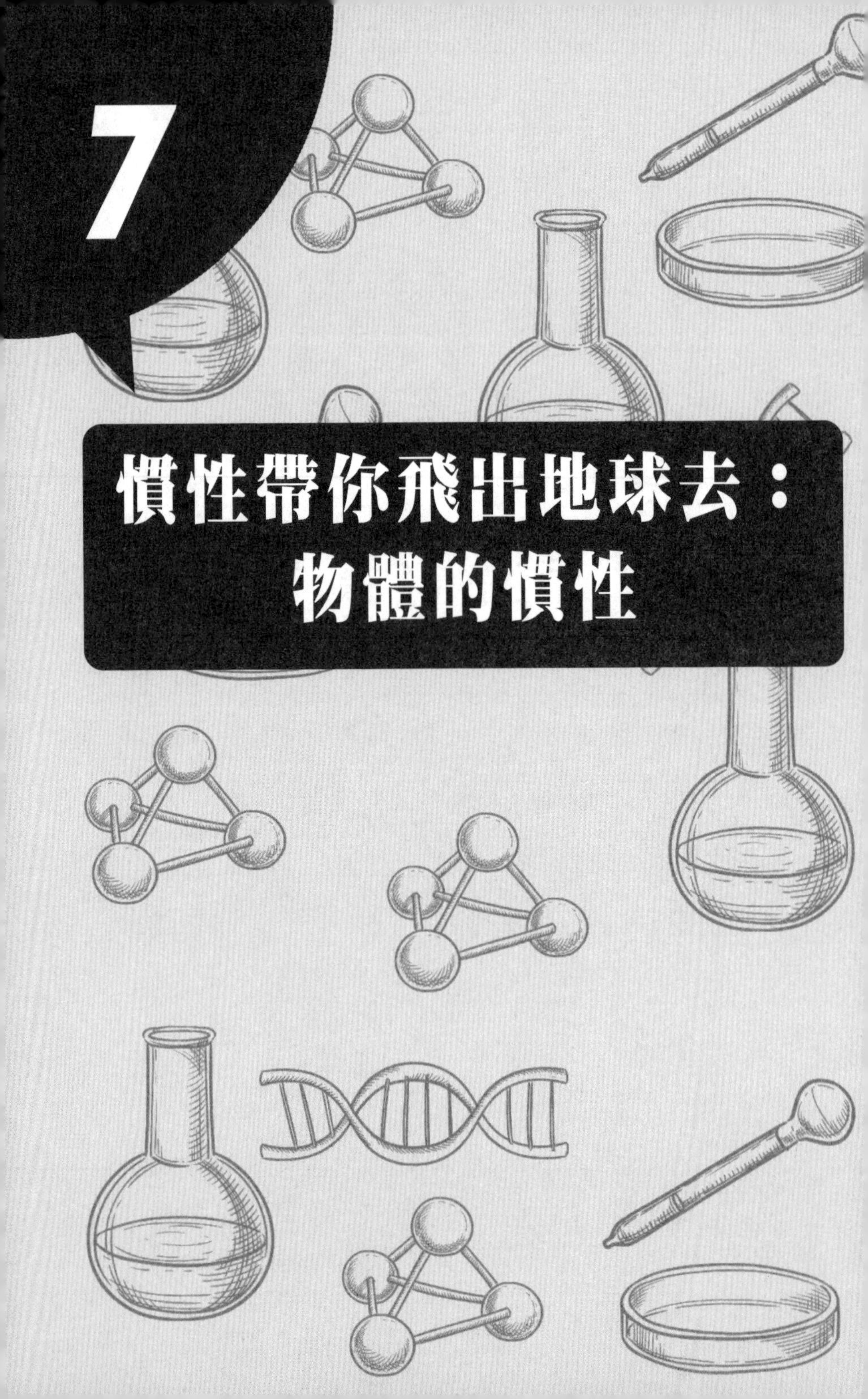

7

慣性帶你飛出地球去：物體的慣性

慣性是個什麼東西

生活中，我們常常會聽說慣性這個詞，那麼究竟什麼是慣性呢？下面這個故事會給我們一點啟發。

魔術師站在臺上，請了一位觀眾上去作見證。桌子上放著一堆裝水的杯子，杯子下面鋪著一張桌布。魔術師請觀眾睜大眼睛，然後猛地抽出了桌布，沒錯那些杯子不僅沒有倒，而且還一個個原封不動地待在那裡，似乎被看不見的「膠水」黏住了！

其實，那根本不是什麼膠水，也不是什麼魔法，而是因為物體具有慣性，所以才會出現這種情況。那麼究竟什麼是慣性呢？物體保持其原來運動狀態的性質就是慣性。

而一切物體在沒有受到外力作用的時候，總能保持等速直線運動狀態或者靜止狀態，除非有外力迫使它改變這種狀態，這就是慣性定律，也是前面提到的牛頓第一定律。

慣性就像物體內的一雙手，在外力試圖改變物體狀態時，它總是盡力抓住物體，讓它保持原來的狀態，直到最終敗下陣來。

桌布被抽出而杯子沒有動，這就是慣性使杯子繼續保持靜止的。我們身邊的一切物體，包括我們自己在內，都具有慣性，這聽起來很不可思議，但確是真真切切存在於我們身邊的物理知識。

比如，當我們坐車的時候，當汽車向左轉的時候，我們的身體向右傾就是因為慣性。此時隨著車的運動，我們的腳已經有了向左轉的趨勢，但是上半身依然保持著原來的狀態，所以相對於車來說，我們的身體就會向右傾斜。

說到這裡，你是不是想到了平時被絆倒的經歷，也是慣性在搞鬼呢？

不過，你可不要埋怨慣性，因為它雖然有時會讓你摔跟頭。但它同時也能讓你把鉛球扔得更遠，讓紙飛機飛得更遠……實際上，慣性的作用非常大，從汪汪亂叫的小狗到太空船，大家都離不開慣性呢！

物·理·碰·碰·車

火車上起跳後的落點

如果你在火車車廂裡用力往上跳，你猜你最終會落在哪裡？

有的人可能會覺得落下後，應該落在比原先所站之處向後的地方，因為車廂往前運動著，而人的確沒有向前運動。事實上，你站在哪裡，就會落在哪裡。因為車廂雖然往前運動，但是人在慣性的作用下，也會跟著往前運動，人往前運動的速度就是火車運行的速度。那麼，無論人站在車廂的哪個部位往上跳，都會落在原地。

挖出慣性的小祕密

「慣性」是物理學中很常見的一個名詞，但是它也是最難理解的名詞之一。一遇到難解的詞語，人們總會陷入錯誤的觀念中。有關慣性的錯誤觀念主要有以下幾個：

◆一、運動的物體有慣性，靜止的物體沒有慣性

這種觀點是錯誤的。實際上，所有物體，無論處於什麼狀態、什麼時間都具有慣性。其實這也很容易理解，運動的物體保持運動，也就是反抗靜止，這是一種慣性。同樣地，靜止的物體保持靜止狀態，抵抗運動，也是慣性。

◆二、速度大的物體慣性大

運動速度大的汽車比速度小的汽車更難立即停下來，所以人們覺得速度大的物體慣性大。如果這個結論成立的話，那麼我們可以推測「速度小的物體慣性小，速度為零的物體沒有慣性」，顯然這和上面所說的「所有物體都具有慣性」的說法相矛盾。

◆三、「慣性」就是「慣性定律」

慣性定律就是「牛頓第一定律」，它是說任何物體都具有保持其運動狀態不變的屬性——慣性；在不受任何外力作用的情況下，一個物體總能保持等速直線運動狀態或靜止狀態，直到有作用在它身上的外力迫使它改變這種狀態為止。因此慣性不過是物體本身固有的一種屬性，它跟物體受不受外力無關。

◆四、慣性是一種特殊的力

行駛中的汽車關閉發動機後，仍會向前行駛一小段距離。有些人認為是慣性力使車能繼續前行。因為物體的運動需要力來維持。事實上，如果物體所受的所有外力突然同一時間消失，物體不會停下來，而是會以外力消失時的速度繼續做等速直線運動，這就是慣性作用。這時候，已經沒有力作用在車子上，當然也就不存在「慣性力」的說法。

分辨清楚慣性與其他物理概念之間的區別之後，相信我們就不會說出「受到慣性力」或者「慣性消失了」之類不科學的話了。

物理碰碰車

月球上有慣性嗎？

我們說到物體的慣性只與其質量有關，質量不消失，慣性也就一直存在。在月球上，物體的質量並沒有改變，所以它們依然具有慣性。

月球表面的引力只有地球的1／6，所以一個特別重的背包到月球上就會變得只有地球上的六分之一重。但是，即使太空人感覺不到背包的沉重，他走路的時候也會小心翼翼。因為背包的質量沒有發生改變，所以它依然具有很大的慣性。

太空人突然停下來的話，在慣性作用下，背包會帶著人繼續向前走，太空人就會向前摔倒。

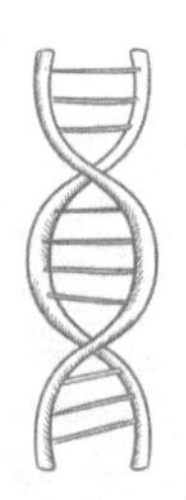

跳車是有技巧的

遇到危險情況要跳車的話，往哪個方向跳比較安全呢？我們來聽聽專業人士怎麼說。

小金是一個很有經驗的計程車司機，有一次他的車突然發生故障，他迅速從車上跳下來，保住了性命。於是計程車公司邀請他為全體的計程車司機做一次機會教育，告訴大家怎麼樣跳車才是最安全的。

如果問你：「從行駛中的車子裡面跳下來，是向前跳，還是向後跳？」你會怎樣回答呢？

大家的第一反應通常是順著行駛的方向向前跳，但是如果根據慣性的作用推理，又會得出截然相反的答案：逆著行駛的方向向後跳才對。

其實，我們不應該從慣性定律中去找答案，因為答案不僅與慣性定律有關，還與我們的身體平衡有關。

如果有一個情非得已的狀況使得我們不得不跳車，你需要瞭解這樣一個事實：當你從車廂內跳出時，你擁有車輛的速度，如果順著車行駛的方向向前跳，還會有一個向前衝的力加速這個運動，從而人更容易跌倒。如果是逆著車行駛的方向，人跳出時的衝力會抵消或者由於慣性保持的向前的力，從而靜止在地面上。

但是，無論是朝哪個方向跳，人都有跌倒的可能。因為當我們著落時，雖然兩隻腳已經停止了運動，但上半身卻依然保持著運動，而這一運動的速度向前跳要比向後跳還大，大到可以防止人們向前跌倒。

如果向後跳躍，雙腳無法做類似行走一樣的補救措施，危險性會提高很多。因此到了萬不得已的時刻非要跳車，安全起見，還是請大家順著行駛的方向朝前跳。

不過，順著行駛方向跳車的選擇是一個最初級的做法，其實跳車時最好的辦法是面向車輛行駛的方向向後跳，這樣就可以減少慣性帶給我們的影響，也可以避免仰面摔倒。

不過這種方法是需要勇氣經驗和技巧的，像我們這樣的菜鳥，最好還是往前跳吧！

物·理·碰·碰·車

行李應該往哪裡扔

如果你跳車的時候還隨身攜帶著行李，那麼行李應該往哪裡扔呢？

如果車上的人把行李向前拋下去，那些它一定會比向後拋出去時更容易散開。因此，如果當你迫於無奈必須要跳車時，還隨身帶了行李，那你就先把行李向後拋出去，然後自己再向前跳。

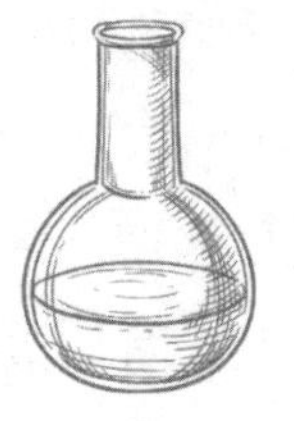

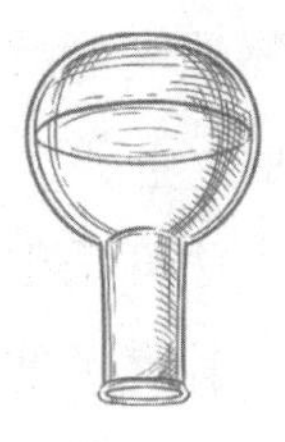

撞碎牆面的「大力士」

在動畫片中，我們常常可以見到這樣的場景，就是一個人跑著跑著忽然撞到了牆上，然後牆面裂開了。那麼，現實生活中是不是真的有這樣的「大力士」呢？

茗茗帶著這個問題找到了物理老師。物理老師聽了，笑著說：「那麼我們先來分析一下動畫片中的大力士。你先想一想，這些動畫片中的大力士在撞碎牆面之前有沒有什麼共同點呢？」

茗茗思考了一下，還是充滿疑惑：「一般他們都是在跑步的時候撞碎牆壁的。」

物理老師接著引導說：「那時候他們跑步的速度怎麼樣呢？」

「速度都很快，然後忽然就撞到了牆壁上。」

「其實，他們並不是想要撞在牆上，而是當他們想要剎車的時候，他們的腳已經停止運動，但是他們的上半身由於慣性還保持著運動的狀態，所以就撞在牆上了。此時他們的上半身具有速度，因此還有能量，最終這能量就把牆面撞碎了。」

「啊！老師，我明白了。操場上跑步的大哥哥大姐姐衝刺時也是因為這個原因才不能馬上停止的吧？我看到他們明明已經到達終點了，但還是要跑幾步才能停下來，這也是慣性的原因吧？」

「茗茗真是善於觀察，你說得很對，很多運動員衝刺之後還要跑幾步，是因為他們的上半身依然要保持前面的運動狀態，速度很快，根本不能馬上停下來。如果腳下馬上停止運動的話，他們就會摔倒。所以這些運動員會在衝刺後減速跑幾步，降低上半身的速度，然後慢慢停下來。當然，如果在他們抵達終點的地方設置一堵牆的話，這些人也極有可能撞碎牆面。」

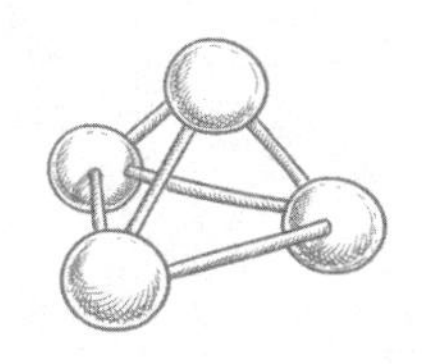

物·理·碰·碰·車

《鐵道游擊隊》中的慣性

影視劇中，演員從飛快的火車上跳下來都安然無恙，這並不是誇大技巧，而是有著物理根據的。

當他們跳下來的時候，他們會雙手抱頭在地上滾動一段距離，可不要小看這段距離，這樣的滾動可以讓運動狀態慢慢改變，延長作用時間減小阻力的作用，還可以保護自己不受傷害。

透過這段講解，你能自己解釋一下為什麼發生車禍的時候，老人和孩子反而容易受傷嗎？

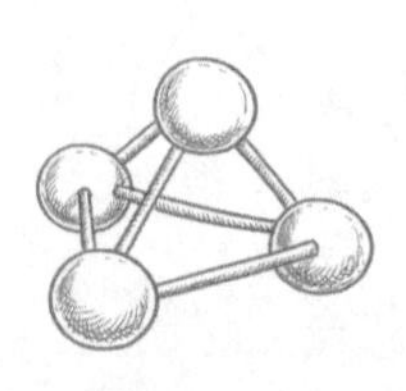

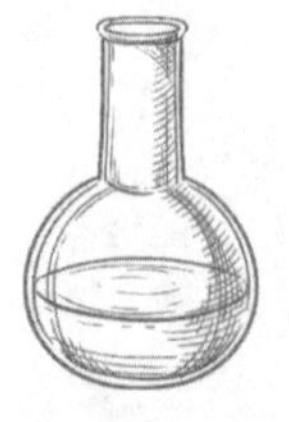

尋找火箭的最佳發射地

屁股上冒著煙的火箭將衛星送上天空後就自動脫落，此時，由於慣性的原因，衛星會繼續保持原來的速度運轉，在慣性作用下，它順利衝出了地球！如果你也能被火箭送上天空，那麼你也可以在慣性的作用下飛出地球去，成為一顆「人體衛星」。

其實，不光衛星的飛行需要慣性，發射火箭的時候也可以利用慣性來節省能量呢！不過火箭發射時可不是利用自己的慣性，它所利用的慣性來頭可是很大的！我們知道地球是自西向東自轉的，如果火箭發射方向朝向東方，就可以充分利用地球自轉的慣性，節省推力。

地球轉動的速度在赤道是最大的，這個速度隨著緯度增加而減小，在南北極則變為零。因此，火箭的發射地點緯度越高，火箭所需要的能量就越大。如果順著地球自轉方向，而且是在赤道附近發射，就可以最大限度的利用地球的自轉慣性，就像「順水推舟」一樣。

雖然各國的地理緯度不同，火箭不可能全在赤道附近發射，但是為了利用地球的自轉慣性，誰都不會選擇向西發射衛星，那就像逆水行舟，要比「順水推舟」費更多的勁。

衛星發射過程

衛星是由運載火箭送入其運行軌道的。運載火箭的發射軌道一般為加速飛行段、慣性飛行段和最後加速段三部分。

運載火箭垂直起飛後很短的時間內，就可以到達70公里左右的高度，此時第一級火箭發動機關機分；當高度達到150～200公里之後，火箭達到預定速度和高度時，第二級火箭發動機關機、分離，加速飛行段結束。

這時，運載火箭已獲得很大動能，開始進入慣性飛行段，當飛行到與衛星預定軌道相切的位置時，第三級火箭發動機點火，進入最後加速段。

加速到預定速度時，第三級火箭發動機關機，衛星從火箭運載器彈出，進入運行軌道。

生熟雞蛋跳芭蕾，誰的舞姿更美

給你一個生雞蛋和一個熟雞蛋，如何不打破雞蛋就能分辨出生熟呢？

這天，物理老師帶著兩個雞蛋來到了課堂上，笑著說：「誰能找出其中的熟雞蛋，我就把雞蛋獎勵給他！當然，不能打開看哦！」

大家七嘴八舌地議論起來，紛紛搖頭，然後都等著老師給出答案。老師說：「我給個提示。熟蛋的蛋殼包裹的是凝固的固體，是一個沒有間隙的整體，而生蛋裡卻都是液態物質。這兩種狀態下，做某個動作時，慣性產生的效果是不同的。」

提示到這裡，班上物理最棒的齊琪舉起了手。她說：「只要讓這兩個雞蛋跳個芭蕾舞就可以了。跳得好的就是熟雞蛋。」

老師贊許地點點頭，邀請她到講臺上來給大家講解。她把兩個雞蛋放在平臺上，用兩個手指夾住雞蛋分別旋轉。然後，又用手分別按住。得到結果之後，她拿了一顆雞蛋走向講臺，站在位置上說：「老師，這是我的獎勵哦！」「那你給大家講講原理！」老師鼓勵齊琪說。

「由於慣性的作用，生蛋中的蛋白和蛋黃是液態的，在旋轉時會像「剎車」一樣延緩蛋殼的運動。知道了這一點之後，沒有「剎車」的熟蛋會比裝了「剎車」的生蛋速度快，且持續時間長。而且，停止旋轉時它們的現象也是不同的。

如果是旋轉中的熟蛋，只要被手指碰一下它就會立即停止轉動；生蛋在手指的作用下會停轉片刻，但手指離開後會緩衝一下。這依然是慣性的作用，只是慣性是為延緩蛋殼對原本運動狀態的改變，因此原本有「剎車」的生蛋這次卻猶如裝了「發動機」。

物·理·碰·碰·車

其他的分辨方法

分別用小塊的薄布把雞蛋裹緊，用兩根同樣的細線懸掛起來。然後將兩個雞蛋旋轉相同的圈數，之後放開，就會發現二者不同的現象。

熟蛋會由於慣性作用反覆向不同的方向旋轉，且旋轉圈數逐漸減少，而生蛋雖然也會有改變旋轉方向的現象，但圈數比熟蛋少得多——因為，生蛋中的液態物質起到了很強的制動作用，使生蛋不能持久地運動下去。

慣性偷走了神父的腳印

慣性無處不在，它可以讓人們更順利地將火箭送上太空，它也可以幫助犯罪分子隱藏自己的罪行。

美國有一位英明的總統名叫林肯，他24歲的時候曾經在一個鄉村郵局當代理局長。那時，他每天的工作就是把信件一一送到收信人的手中。

一天早晨，他給剛搬到這裡不久的一位神父送信，但是一直叫沒有回應。

神父自己單獨住一間小屋，林肯心想神父也許出去散步了，於是便到田野間去尋找神父。還沒走多遠，他就遠遠看見神父倒在地上，背上還插著一支箭。

林肯馬上報了警，員警一看那支箭，就知道這是與這個村有世仇的一個土著酋長實施報復的手段。但是細心的林肯發現，殺人現場既沒留下兇手的腳印，也沒有被害人的腳印，所以想要抓住兇手根本沒有證據。那麼腳印哪裡去了呢？

員警托著腮說：「沒有兇手的腳印，這不奇怪，因為兇手是從遠處射的箭。可是昨晚下過雨，土是濕的，神父走過，不可能沒有腳印啊！」

「莫非是神父昨晚下雨以前就被害了，雨水把腳印沖刷掉了？」林肯猜測。

「不，那樣的話，神父的衣服和身體也應該是濕的。」

「那麼是風吹乾了嗎？」

「也不是。神父身邊的血跡並沒有被雨水沖洗的痕跡。」

林肯身高193公分，他滿懷疑惑地環顧四周，忽然看到3公尺開外的地方有塊高2公尺的牆。牆的那邊是個破舊的大院，院裡有棵大樹，樹上還掛著一個鞦韆。

林肯細心觀察發現牆的附近也沒有腳印。由於員警個子不高，看不到院裡的情況。林肯就把看到的情況說給員警聽。

說著說著，林肯突然說：「我知道為什麼沒有神父的腳印了。」他抱起員警讓他看牆那邊，但是員警仍然不解。林肯解釋了一遍，員警連連點頭表示信服。後來的事實，證實了林肯的推斷。

那麼到底是誰把神父的腳印偷走了呢？這個「小偷」就是物理學中的慣性。原來，神父早晨散步到院子裡，心裡高興就盪起了鞦韆。

躲在遠處的兇手，正好在神父盪到最低點的時候射中了他。物理學中，做圓周運動的時候，最低點的速度是最快的。神父被箭射中之後，鬆了手，在慣性的作用下，他被斜向上拋出2公尺高的牆外，落在3公尺遠的地上，所以沒有留下他的腳印。

從理論上來說，與地面成45°的時候斜向上拋出，屍體會被拋得最遠。

物·理·碰·碰·車

重力勢能與動能的轉變

一個鐵球從2公尺高的地方掉下來的時候必然會攜帶著一定的能量，這個能量就是重力勢能，因為是重力做工產生的能量。

另外，一個鐵球從2公尺高的地方落下來和從5公尺高的地方落下來，它所具有的能量是不一樣的，顯然，從5公尺高的地方落下來，它砸出來的坑會更深一些。

能量不會消失，只會轉化。故事中，當神父從最高點落下來的時候，重力勢能轉化為動能，當他到達最低點時，他所具有的重力勢能全都轉化成了動能，所以此時神父的速度最大。當然，除了動能之外，重力勢能也可以與其他的能量相互轉變。

植物大戰僵屍中的「慣性武器」

「啊！僵屍來啦！大家趕快武裝起來！」聽到這一聲呼喊，沉睡的植物們都來了精神，集中精力像來犯的僵屍們扔出自己的「武器」。

其中西瓜炮手最賣力，一個又一個的西瓜扔出去，把僵屍們打得屁滾尿流，最終，這些守護家園的植物們戰勝了僵屍，取得了勝利。

你會不會覺得遊戲就是遊戲，充滿了想像呢？其實植物大戰僵屍中還真有不少物理原理呢？我們先來分析一下最賣力的西瓜炮手吧！其實武器不見得一定要是刀槍劍戟或者手槍炮彈之類的，一旦物體在拋擲時達到某種速度，就算扔出去的是西瓜，由於慣性也能產生一定的殺傷力。

在1924年的一次汽車賽中，許多賽車手被沿途觀眾拋出來的蘋果、梨等誤傷。原來，當車本身的速度加上丟過來的西瓜、蘋果由於慣性而具有的速度，這些東西就一下子變成了傷人利器。

不過，由於西瓜、蘋果或者梨等物體的形狀和硬度，它們的穿透作用不能和特製的子彈相提並論，但是對付一些僵屍，西瓜炮彈還是綽綽有餘的。不過，這種情況搬到大氣高層中，事情就變得大不一樣了，即使是一個小物體也充滿了危險性。

當飛機以3000公里／小時的速度飛行時，哪怕是無意中丟出的物品，也能使它後面或側面的飛機遭殃，因為它具有和飛機相同的速度，如果和其他以同樣速度飛行的飛機相撞，它相對於這架飛機就具有6000公里／小時的速度。此時，這顆子彈就相當於從槍膛裡射出去一樣，極具破壞性。

與之相反的是，如果子彈或者物體是跟隨在同樣速度的飛機的後面，即便兩者相碰也會相安無事。

物·理·碰·碰·車

小狗的速乾神功

給小狗洗完澡後，你一定看過牠的「甩毛舞」吧！

如果用放大20倍的儀器觀察，我們可以看到：當小狗向左抖時，身上的水珠會隨之向左運動，此時小狗再向右抖，慣性卻導致水珠繼續向左，於是就落下來了！是不是很眼熟？曬被子時總會用木棒左右敲打被子，作用是一樣的！

8

給物體加個力：速度的相關概念

世界罕見的「超快」與「巨慢」

人類運動的速度有多快呢？如果將我們的速度與蝸牛、烏龜的速度比較，會非常有意思。我們都知道蝸牛和烏龜簡直是世界上速度最慢的代表，蝸牛每秒鐘可以爬行1.5毫米，也就是說每小時爬行5.4公尺，而一般人步行速度是蝸牛的一千倍！

假如有人形容你慢得像蝸牛，你就可以理直氣壯地反駁他說：「我比蝸牛快一千倍。」

而與蝸牛同病相連的烏龜，也好不到哪去，它每小時僅僅爬行70公尺。和蝸牛、烏龜相比，人類的速度顯得十分敏捷。

而不同類型的人，運動的速度也各不一樣。人走路的平均速度為每秒1.5公尺，田徑運動員跑1500公尺的平均時間大約為3分35秒，也就是運動員的平均速度為每秒7公尺。

相較而言，運動員的運行速度實在很快。但其實這兩者沒有相較性。因為運動員的速度雖然很快，但只能

在短時間內維持。

人走路的速度比較慢，卻可以每小時步行5400公尺，還能持續走好幾個小時。

人走路的速度勝在可持續性上，當然，步兵跑步行軍的速度持續性更強。步兵行軍每秒鐘跑2公尺，連運動員速度的三分之一都不到，也就是每小時跑7000多公尺，但步兵的優勢在於，能夠以這樣的速度走很遠很遠的路程。

我們可以嘲笑蝸牛和烏龜動作慢，但與大自然中其他運動相比，人類就顯得黯然失色。雖然我們可以追上微風，也能夠輕而易舉地超過平原上河流的流速。但比起小小的蒼蠅，它們飛行的速度是每秒鐘5公尺，要超過這個速度，人只有踏上滑雪板才有機會超越。

再比起一隻野兔或獵犬，人即使騎馬疾馳也很難超過牠們。而要跟老鷹一較高下，人只能坐上飛機。更不用提世界上跑的最快的獵豹了，牠每小時可以跑70公里。

物·理·碰·碰·車

運動最快的動物

雖然獵豹的速度世所罕見，但是世界上最快的動物還不是牠們，而是人類，當然我們是投機取巧獲勝的，因為我們有機器。人類還在不斷地發明著機器，刷新著記錄，速度快到超乎人類自己的想像。

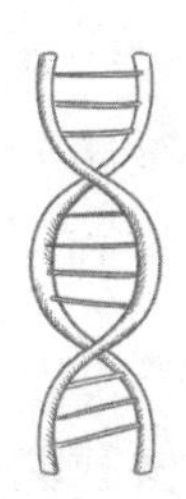

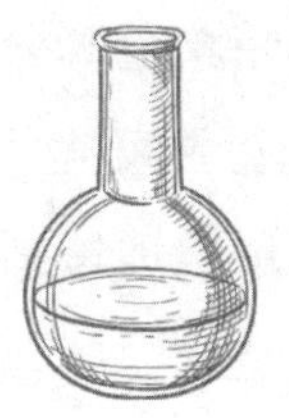

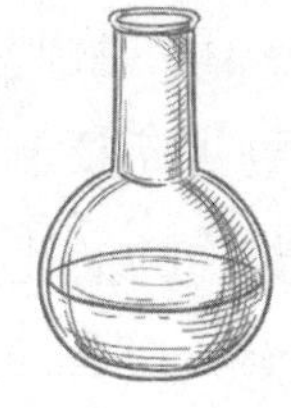

追上日月的神祕物體

我們知道飛機飛行的速度已經越來越讓人們驚歎，如果與太陽、月亮賽跑，飛機還能贏嗎？

美國著名作家馬克・吐溫在隨筆《傻子出國記》中曾經記錄了這樣一段文字：現在是烈日炎炎的夏季，每天天氣都十分晴朗，我們從紐約出發，要橫跨過大西洋駛往亞速爾群島。我們注意到，在晚上的同一時間，月亮在空中的同一位置出現。

這一奇怪的現象最初使我們十分不解，後來我們終於明白，因為我們行駛的速度為每小時跨越20分的經度向東行駛，而這個速度正好與月球運行速度差不多！

這其中的道理不難理解，因為月球繞地球運行的速度比較慢，只有地球自轉速度的1／29。

也就是說，在中緯度地帶沿緯線行駛的輪船，只要行駛的速度達到25～30公里／小時，就可以「追上月亮」。這樣看起來，速度更快的飛機完全可以追上月亮的速度。

不過，只要選好位置，飛機也可以輕鬆地「追上太陽」。例如，在高緯度地帶的北緯77°，飛機只需以450公里／小時的速度飛行，就可以追上太陽。飛機以這樣的速度並且沿著一定的方向飛行時，相對於隨著地球自轉而運動的地球表面的某一點來說，它們在相同的時間內運行的距離相等。因此，在這架飛機上的乘客看來，太陽是靜止不動的。

追上時間的飛機

飛機不僅可以「追上月亮」「追上太陽」，甚至可以「追上時間」。如果有人問你，飛機在上午8點鐘從俄羅斯的符拉迪沃斯托克市起飛，能否在同一天上午8點鐘抵達莫斯科？你可能不假思索地說，如果可能的話，那簡直是天方夜譚。

事實上，飛機肯定可以做到。這是因為符拉迪沃斯托克市和莫斯科市之間的時差為9小時。也就是說，如果飛機能在9個小時之內穿越符拉迪沃斯托克到莫斯科之間9000公里的距離就可以。

9000÷9=1000公里／小時，只要飛機的速度達到1000公里／小時，就完全能夠做到。而現在的噴射飛機速度早已經具備了這種飛行能力。

「眨眼之間」都能做些什麼

千分之一秒，這個時間對於人們而言可以忽略不計。因為一秒鐘對於我們來說就是一瞬間的功夫，更不用說千分之一秒有多短暫了。

但對於生活在我們周圍的微小生物來說，這是一個不能被忽略的時間單位。如果它們能思考，也許會認為這個時間已經相當長了。

蚊子在一秒鐘的時間裡能夠上下煽動翅膀500～600次，也就是說在千分之一秒的時間裡足夠蚊子把翅膀抬起或落下一次。人不像昆蟲那樣有某個器官能夠做出如此快的動作。

在人們身上，最快的動作是眨眼，甚至有時候根本感覺不到自己眨過眼睛，更感覺不到有東西曾遮住過眼睛。所以人們常常用「眨眼之間」「一眨眼的工夫」來形容時間之快。如果我們用千分之一秒來計時，眨眼這個動作實際上進行得十分緩慢。

這個動作分為三個階段：

上眼皮垂下(75～90個千分之一秒)；垂下後眼瞼靜止不動(130～170個千分之一秒)；接著抬起上眼皮(大約170個千分之一秒)。

經過測量，這個過程平均用時0.4秒，也就是400個千分之一秒。所以，千分之一秒的時間其實是相當長的，在這個時間裡，眼瞼就能夠獲得足夠的休息。

其實，在千分之一秒裡還可以做很多事。

火車在這個時間裡能運行大約3公分，聲音則可以跑33公分，超音速飛機能飛行50公分左右；但是地球，它可以在千分之一秒內繞太陽轉30公尺，而光能走300公里。

這樣看起來，千分之一秒是不是看起來長了很多？如果我們的感覺器官能像昆蟲那樣敏銳，就能感受到千分之一秒鐘的時間有多長，我們便可以體會到周圍世界發生了怎樣奇異的變化。

物·理·碰·碰·車

人們為什麼感覺不到千分之一秒

古代的時候，人們日出而作，日落而息，幾乎沒有時間概念，所以也就沒有計時單位。隨著時間的發展，人們開始用日晷、漏刻、沙漏等工具來計時，但這些工具上還沒有分鐘的刻度，僅僅是根據太陽的高度或者太陽照在物體上影子的長短來判斷時間。

到了18世紀初，鐘錶上才開始有分鐘的刻度，而直到19世紀初才出現秒的刻度。所以在過去的幾千年裡，人們都沒有養成感受千分之一秒的習慣，而且這麼微小的時間，對人類來說也的確沒有很大的意義。

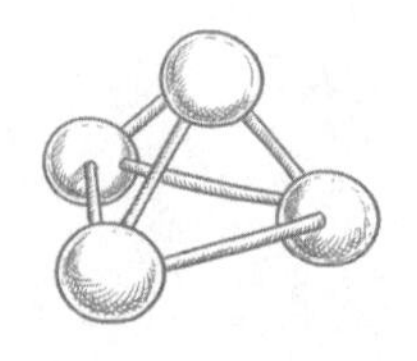

環球旅行不要錢

旅行是一種極具吸引力的生活方式，不過旅途中的開銷也讓人很頭疼，如果能有一種不要錢的旅行就好了！告訴你個小祕密，世界上真有這樣的好事哦！

巴黎的報紙上曾經刊登過一則相當具有誘惑力的廣告。廣告裡說，只需付上25個生丁（法國早期貨幣單位，100生丁等於1法國法郎）就可以享受一次美妙的旅行並且絲毫不會感覺到疲憊。這看起來就像天上掉餡餅，按理說應該不會有多少人相信。但事實上，有很多人忍受不了這巨大的誘惑，真的寄了25個生丁過去。當他們熱切地期盼著即將到來的旅行時，卻收到了這樣一封讓他們氣憤無比的回信：

先生／女士：

請您選擇最舒服的姿勢、最放鬆的心情躺在您的床上，開始您的奇妙之旅。我們的地球無時無刻不在旋轉著，站在地球上的您也在不停地運動。

在巴黎所在的緯度上，您在一晝夜的時間裡至少可以跑上25000公里。請打開您的窗簾，這樣您就可以一邊旅行，一邊欣賞沿途的風景了。

所有人收到的都是這樣的回信，後來人們實在忍無可忍，就將這位先生以欺詐的罪名告上了法庭。他服從了法官的宣判，老老實實地交上了罰金。但交完罰金後，他竟然以戲劇性的態度說了一句伽利略的名言：「不管怎樣，它確實是在轉動！」

被告說得當然沒錯，地球上的每一位居民都圍繞著地軸旋轉，而且還以更快的速度繞著太陽旋轉。我們運行的速度是每秒鐘30公里，如果真的把這當作一次旅行，恐怕是速度最快的旅行了。當然，這樣的旅行甚至連25生丁都不需要，你只要安靜地看著窗外，一分錢都不用掏就可以完成這個旅遊了。

那麼，我們圍繞太陽旋轉的時候，是白天快一些還是夜晚快一些呢？這個問題很讓人迷惑，在地球上，總是一面是白天，一面是夜晚，這樣如何比較快慢呢？實際上，這個問題問不是地球什麼時候運動得更快，而是居住在地球上的人們，什麼時候運行得更快。

我們都知道，地球不僅在圍著太陽公轉，而且也時刻進行著自傳，這兩種運動是同時進行的，但是方向並不是任何時候都相同。正午的時候，自轉方向和公轉方向是相反的，人們在地球上的速度就是地球的公轉速度減去自轉速度；而在夜晚的時候，二者的方向是一致的，所以人們在地球上的速度就是兩者相加。

所以，當大家進行不要錢的環球旅行時，晚上的速度要比中午快得多。

物·理·碰·碰·車

一晝夜是一年的神奇地方

我們都知道一晝夜就是一天，也就是24小時。地球公轉一周是一年，自轉一周是一晝夜。但是有些地方非常奇怪，它的一晝夜就是一年，那是什麼地方呢？這神奇的地方就是南北兩極，一年中，它們有半年是白天，半年是夜晚。

這是因為地球公轉的時候並不是豎直的，公轉的軌道平面與地軸總是保持66.5°的夾角，而且北極總是指向北極星附近。由於這個特徵，地球在公轉過程中，太陽有時直射在北半球，有時直射在南半球，有時直射在赤道上。

一年中，太陽直射點總是在北緯23.5°與南緯23.5°之間移動。每年的3月21日左右到9月23日左右，太陽直射點從赤道移向北緯23.5°，然後移回赤道，此時北極處於「極晝」狀態；在另外的半年裡，北極處於「極夜」狀態。南極與北極的極晝和極夜時間剛好相反。

徒手抓子彈，你也可以

人能不能徒手抓住子彈呢？在一些電影或者書籍中，故事的主角似乎能輕而易舉地抓住敵人的子彈。這樣的事情在我們看來就像天方夜譚一樣，但是在第一次世界大戰中，這種事情卻實實在在地發生了。

當時一位法國飛行員正駕駛著飛機飛行在兩公里的高空，他突然發現自己臉旁有一個東西在飛，最初他以為是昆蟲就隨手將其抓在手裡，仔細一看卻發現手中握住的竟是一枚德國人射出的子彈。根據科學家的測算，子彈的初速度大概可以達到800～900公尺／秒，隨著飛行中遇到的空氣阻力，子彈的速度會漸漸減慢，最後當其衝力接近停止的時候，它的速度不過是40公尺／秒。

而40公尺／秒的速度是飛機很容易達到的。一旦飛機達到這個速度，它和同向運行的子彈之間的相對速度就是零。此時對於飛行員來說，子彈就像是靜止在空中一樣。即便子彈由於同空氣摩擦產生大量的熱，可能會燙手，但是飛行員在飛行時是會戴手套的，抓住燙手的子彈，對他來說也不過是小菜一碟。

如果你也有機會遇到這樣的事情，那麼你也可以成為一個世人眼中的大英雄，擁有徒手抓子彈的傳奇故事，不過千萬記得戴手套哦！

什麼叫相對靜止

當你坐在火車上的時候，你與火車都在進行高速運動，但是你並沒有感覺到自己的運動，這是因為你與火車的速度相同，並且運動的方向也一樣，此時你與火車就叫做相對靜止。假使你能夠跑得和火車一樣快，當你在火車外面的公路上奔跑時，你與火車之間也不會拉開距離，此時你與火車也是相對靜止的。

你感覺到自己是靜止的，是因為你選擇了與火車相比，如果你與窗外的樹相比，你就能發現自己是高速運動的。你選來作為比較的物體就叫做對照物，對照物不同，我們的運動狀態也不一樣。

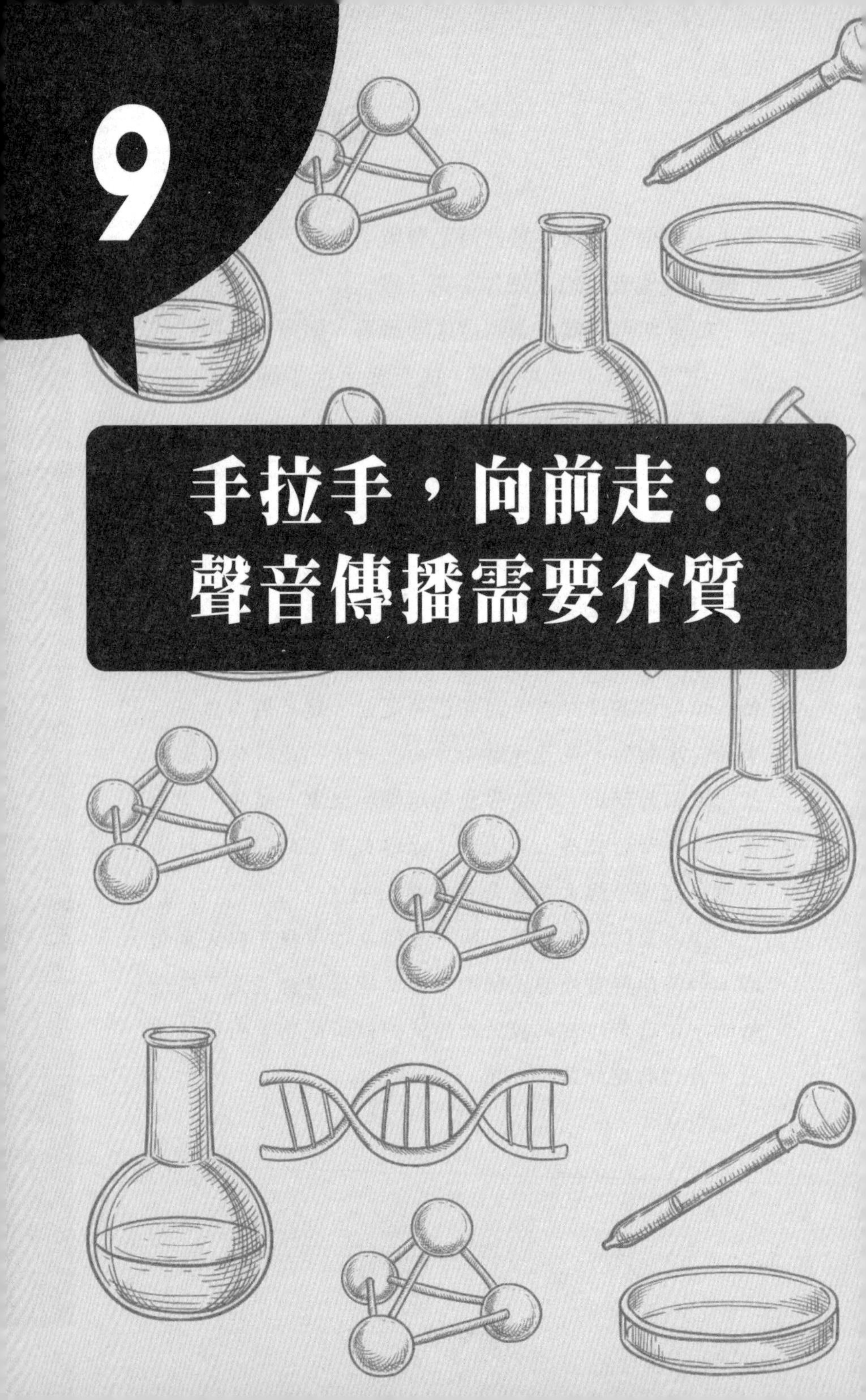

9

手拉手，向前走：聲音傳播需要介質

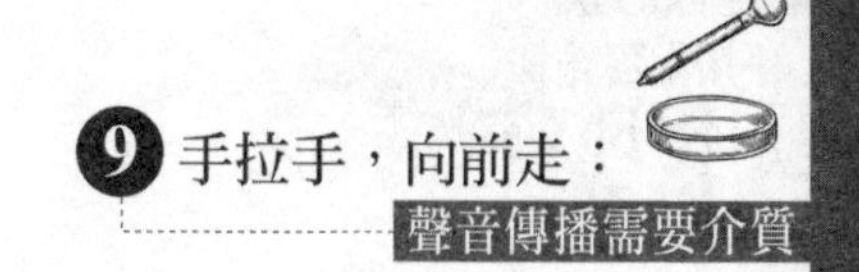

能在宇宙中開演唱會嗎

我們發出的聲音想讓別人聽到，必須得到聲音的好朋友幫忙，如果沒有這位好朋友，多麼美妙動聽的聲音都傳播不了，它就是「介質」。

我們都聽說過嫦娥奔月的故事，但是如果從科學的角度來看，他們根本聽不到對方說話。即使能夠交流，可能也是因為彼此會唇語或者手語。看到這裡，那些想讓全宇宙的人都聽到自己歌聲的人可以放棄這種想法了。這是因為聲音是由物體振動產生的。

我們在地球能夠聽到聲音，是因為振動著的物體把聲波傳給空氣，空氣再把聲波傳播進人的耳朵，然後我們才能聽到聲音。至此，我們知道聲音存在有兩個條件：一個是振動源，一個是聲音傳播的媒介，也就是「介質」，二者缺一不可。由於月亮質量很小，無法束縛住空氣，所以月亮上是沒有空氣的，即使在月球上能夠產生振動，但振動的聲波沒有媒介可以傳播出去，所以月亮上是沒有聲音的，那是一個寂靜無聲的地方。

我們可以模擬一個像月球的地方。準備一個可以抽氣的玻璃罩，把鬧鐘放在裡面，然後一點一點地抽氣，同時注意聽鬧鐘的「滴答」聲。我們會發現鬧鐘的聲音一點一點消失，直到再也聽不見。聽不見的時候，玻璃罩內已經沒有空氣了。這個被抽了氣的玻璃罩就相當於月球，實驗證明在月球上即使有振動，也聽不到聲音。如果有一天人類的登月夢想可以實現，人們在月球上即使距離只有1公尺，也聽不到對方在說什麼。

太空人靠什麼進行對話

進入太空之後，太空人之間如果沒有交流很容易出現意外事故，那麼在沒有傳播介質的環境中，太空人是靠什麼來對話的呢？在太空艙內的話，裡面充滿了空氣，太空人可以正常說話；如果要到太空中行走，那麼一定要穿上太空衣，太空衣中有無線電系統，他們可以用無線電進行交流。

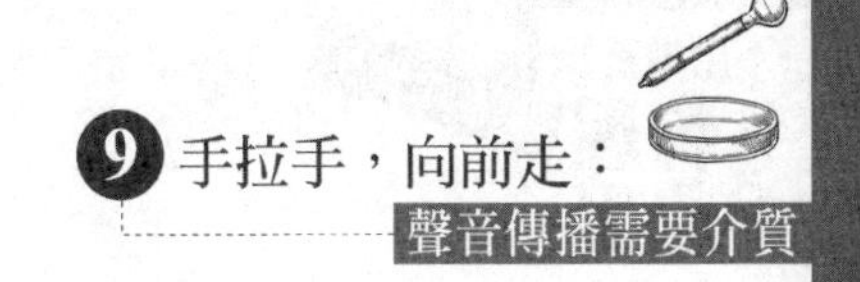

「枕戈待旦」中的聲學原理

「枕戈待旦」這個詞是說士兵們都枕著兵器睡覺，時刻等待殺敵。其實士兵們這樣做還可以用物理原理來解釋呢！

漆黑的營帳沉寂無聲，將士們都進入了夢鄉。忽然，一個黑影坐起來，又很快趴下去，把耳朵貼在地面上聽起來。遠處，「噠噠」的馬蹄聲混亂而清晰。「不好了，敵人來了！」很熟悉這個場景吧？這是電視劇中常出現的。不過，你知道士兵為何要趴在地上聽遠處的聲音嗎？這依然跟聲音的傳播有關。你已經知道，導線能傳聲，那麼，還有什麼能傳聲呢？空氣、水、土地、無線電……實際上，除了真空，地球上的多數物質都能傳聲，這些物質叫介質。透過介質，聲波可以四處擴散，其樂無窮！當然，如果聲波一時得意跑到真空裡，那真不幸——它將馬上消失！

那麼，為何趴在地上能聽到遠處的聲音呢？答案就是：聲音在固體中的傳播速度比在氣體中快。通常，不同介質中聲音的傳播速度是不一樣的，物體的彈性越好，聲音傳播速度越快。而在固體、液體和氣體中，固體彈性最好，氣體最差。

因此，聲音在大地中的傳播速度遠快於在空氣中的傳播速度，趴在地上，也就能更早聽見遠處的聲音了！枕著兵器躺在地上，遠處的聲音能夠很快傳到士兵的耳朵裡，這樣就可以儘早發現敵情，早作準備。

地震波的傳播

同聲音一樣，地震波是從地震震源產生的向四處輻射的彈性波，其實就是在地殼中傳播的聲波。

地球內部存在基幹界面、莫霍面和古登堡面，由於結構不同，地震波的傳播速度會在這幾個面發生改變。地震發生時，震源區的介質會發生急速的破裂和運動，從而構成一個波源。之後，這種波動就會向著地球內部及表層各處傳播開去，形成連續的彈性波。

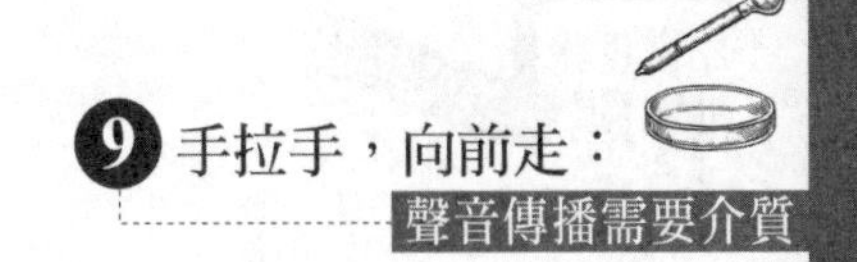

預報天氣的教堂鐘聲

聲音在不同的介質中傳播速度不同。由於天氣變化，空氣中的濕度也會不一樣，而這竟然可以用來做「天氣預報」，想知道這是怎麼回事嗎？

很久之前，有一位貴族家的管家，他雖然大字不識，卻有一項特殊的本領——預測天氣，任何一次颳風、下雨、下雪或者冰雹天氣，他都能準確無誤地預測出來，因此這個貴族家裡的農作物收成比其他家要好很多倍。

管家的主人，為了能確保管家去世後的收成如舊，便希望希望管家臨去世前能把識別天氣的訣竅傳下來。當主人抱著這樣的目的詢問管家時，管家只說了一句話：「教堂鐘聲清晰，不用問上帝。」當時，人們都沒明白老管家為什麼這樣說。然而隨著科技的發展，今天的人，哪怕是孩子們都已經懂得了其中的道理。

許多城市都有教堂，所有教堂裡都有鐘塔樓。住在教堂附近的人聽到的鐘聲，有時候清晰，有時候模糊；

有時候正點，有時「晚點」。

但事實上，教堂裡的鐘每小時都會準點播報，它恪守著自己的職責。只是調皮的聲音喜歡跳躍著走，而且還喜歡走氣溫較低，密度較大的道路。時間長了，住在教堂附近的居民就總結出了這樣的經驗：平時聽不見或者聽不清的鐘聲，突然變得很清晰時，那就意味著，天或者要由晴轉陰，或者要下雨，或者正在下雨。

因為下雨前和下雨時的空氣比較濕潤，濕空氣溫度相對晴天的低，密度也會變大，在這樣的空氣中傳播，聲音的速度也會更快，被人聽到的自然也會清楚很多。當年的老管家也就是憑藉這一點，準確地預測出了天氣狀況。

聽不到的餅乾聲

當我們吃餅乾的時候，總感覺嘴巴裡有很大的動靜，可是當我們看旁邊同樣在吃餅乾的朋友，卻聽不到他咀嚼的聲音。

這是因為我們吃餅乾的聲音基本只有自己的耳朵能聽到，原因在於人的顱骨就像其他固體一樣，具有傳播聲音的能力，而且骨骼密度很高，聲音傳播時，常會被放大到驚人的程度。而其他人發出的聲音是透過空氣傳到我們耳朵的，所以聽起來非常輕微。

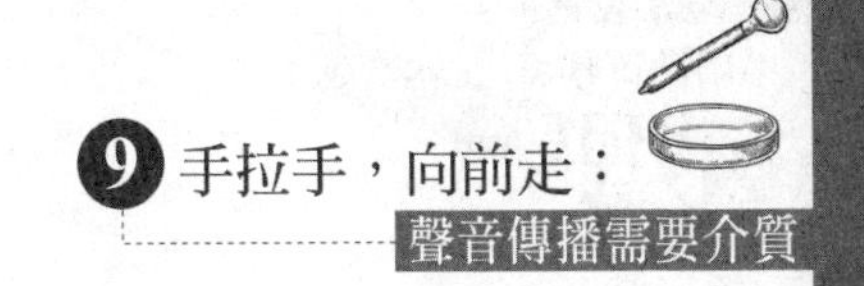

遇海難？再扔顆炸彈

還記得《鐵達尼號》中船沉沒的時候他們是用什麼來報警的嗎？是煙火，這是利用了光學原理。那麼還有沒有其他的方法呢？看看下面這個故事你就知道啦！

飛機或輪船在海洋中遇到事故，除了可以用煙花、無線電發出求救信號外，還有一種方法可引來他人的注意，即往深海裡扔炸藥包。5公斤炸藥在1公里深的海洋中爆炸時，聲波可以傳播到幾十公里之外。

曾經有一次，大洋洲南部海域有一艘輪船失事，無法發電報，就在深海中投入炸彈，爆炸產生的聲波沿著深海聲道繞過了好望角，又折向赤道，穿越大西洋，歷時3小時43分鐘後，在北美洲百慕達群島的監聽人員竟然收到信號。人們算出，這道聲波一共走了1.92萬公里的路程，在海洋中繞地球半圈之多。從深海裡發出的深海警報，會被幾個海岸的監聽站從各個方向監聽到，這樣一來就能較準確地判斷出失事地點的所在位置，並快

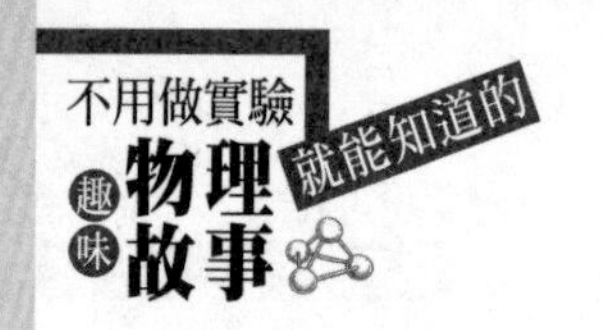

速組織營救。

深海警報能夠被監聽到，是因為海底存在一個天然的深海聲道，聲音在大海裡傳播，會受到很多因素的影響。而聲音的傳播速度和方向主要是由海水溫度和壓力決定的，溫度越高，傳播速度越快；壓力越大，音速也越快。

海底的溫度是由太陽的照射而產生，所以，隨著海水深度的增加，溫度也就越來越低，同時，海水壓力也會跟著深度的增加而變大。但海水溫度增加到一定程度，就會到達一個恆溫層，由此，我們可以得知，從上到下聲音傳播的速度隨著溫度降低而減慢，到達恆溫層後，聲速隨著壓力增大而加快。

這樣一來，因為在溫度和壓力的影響下，海底就形成了一個特殊的聲音傳播的通道。這個通道，就像人們把書捲成圓筒狀，聲音在這裡面會傳播得更遠。

在深海聲道的上層，壓力較小，所以聲音傳播速度慢；在深海聲道的下層，壓力較大，聲速傳播得快。因為聲音傳播喜歡向聲速慢的介面彎曲，在上層，聲波向下折射；在下層，聲波向上彎曲，這樣就形成一個聲道軸。

因為聲道軸既不接近海面，也不靠近海底，因此它就像兩塊板子一樣，把聲波的能量聚集於聲道裡，在這個聲道裡來回折射的聲波不會損失能量，於是就傳播得很遠。在這個深海聲道裡還存在特別能彙聚聲波的彙聚區。大約每隔40～50海浬，就會有這樣一個彙聚區。深海聲道將這些斷裂的彙聚區連接起來，聲音也就能傳播得更遠了。

吃掉聲音的海綿

由於聲音的本質是聲波，所以它也會出現反射和折射現象。當它遇到的阻礙比較多的時候，很有可能就會因為消耗能量而消失了。錄音室的牆壁上都貼著厚厚的海綿，像裝雞蛋的箱子一樣。

這樣一來，柔和的海綿就可以把傳播到它上面的聲音給「吞掉」，只留很少一部分反射回去。所以，錄音室裡才沒有回音，這樣聲音才能以原音重現的效果反射到觀眾的耳朵裡。

另外，布匹、樹木、毛毯等柔軟的物體，也可以像海綿一樣把聲音給吸收進去，「吃掉」聲音！

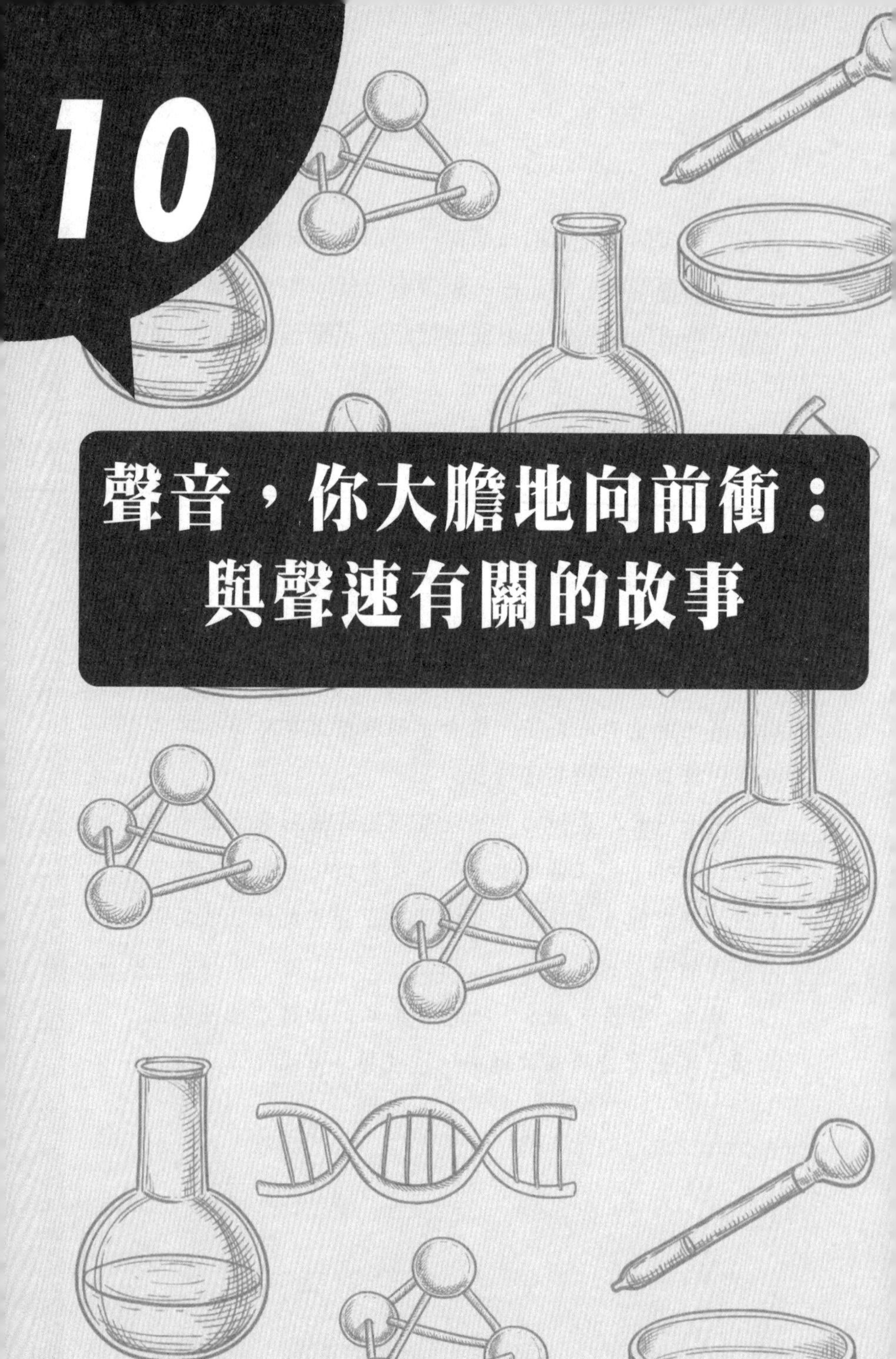

10 聲音，你大膽地向前衝：與聲速有關的故事

漫長的對話

那些以為聲音在空氣裡傳播速度已經很快了的想法的人，需要改變一下看法了。我們在電視中經常看到主持人與在當地的記者進行連線通話時，記者總是過了一會兒才回答，這並不是他反應慢，而是聲音傳過去是需要時間的。

假設兩個相距650公里的地方，聲音的速度變為每秒1／3公里，那麼，聲音從一個地方到另一個地方需要多少時間呢？這很好算，大約是55分鐘。

如果你和好朋友通話，在沒有電話的時代，用舊式的傳話筒，這是以前安裝在商店各賣場和輪船機器中間的一種通話工具。

如果你一句話過去，等了很久都沒有答覆，其實你不用擔心，這只是因為他還沒有聽到你的問候，假設要是相距1000公里以上的兩地之間，半個小時聽不到回話都很正常，你不必擔心朋友是不是發生不測，因為那個時候你的聲音他剛剛聽到。

如果你想聽到他的聲音，過半個小時再過來聽就可以了，照這個速度來看，即使兩個人從早到晚說上一整天的話，也就只能交談十幾句話，這樣的速度不是急死人嘛。

這樣的通話在我們現在看來很是可笑，但是在那時，一個小時已經比用書信傳達要快很多了。

音樂廳外的人為什麼先聽到音樂

假設有兩個人，一個坐在音樂廳內，另一個是在音樂廳100公里外用無線電視聽演奏，結果卻是100公里外的人先聽到聲音。

這是因為聲音的傳播速度大約只有光的一百萬分之一，而無線電波的速度與光的速度差不多，那麼聲的傳播速度也就只有無線電信號的一百萬分之一。

由此就產生了上面那種有趣的結果。

聲音快還是子彈快

「嗖～嗖～」你聽見子彈從你頭頂上飛過去了嗎？實際上，在你聽到聲音之前，子彈早就已經飛過去了。要是讓你來說，到底是炮彈快呢？還是炮彈射擊的聲音快呢？

現實生活中，槍彈和炮彈並不常見，只有在射擊場上才會見到，但是在戰爭年代，槍林彈雨的場面並不少見，現在我們也可以透過電視劇、電影中還原的場景看到當時的危險場面。

其實在戰場上，如果你已經聽到了射擊的聲音或者是子彈飛過的聲音，那麼就意味著子彈已經從你身邊飛過去了，你也就沒有生命危險了。因為被擊中的人都是在聽到槍聲之前就被打中倒下的。這就是因為槍彈是在射擊聲音的前面。

這個原因也很簡單，聲音是等速傳播的，而子彈的飛行速度是等速遞減的，但是子彈在其大部分運行軌跡上都比聲速要快。

現實中的步槍發射出子彈的速度基本上是聲音速度的三倍，大約為900公尺／秒，所以自然是子彈飛得比較快了。

在凡爾納的科幻小說中，主角坐著炮彈飛向月球，他對於自己沒有聽到大炮發射時的聲音而感到十分不解。

其實這是必然的，因為射擊聲和一切聲音一樣，在空氣裡的傳播速度都是340公尺／秒，而炮彈的速度將近11000公尺／秒，炮彈遠遠在聲音的前面，乘客聽不到聲音也是再正常不過的事情了。

現實生活中我們聽到的聲音也經常會和所見完全脫節，這個時候，我們就會有疑問，是我們的耳朵出了問題，還是眼睛出了問題？

其實都不是，這不過是光速和聲速之間速度差而使我們做出了錯誤結論而已。

子彈的速度以及聲速的例子在我們生活中還有很多，我們也經常會因為飛行物的聲音的速度和本身的速度而做出錯誤的判斷，但是只要知道中間的原理，很多奇妙的現象就會被解答。

物·理·碰·碰·車

聲音滅火器

聲音也能滅火？不信？那就自己來試試吧！

準備一個可以調節高低音的音箱、一個可以插在音箱上的麥克風和一根蠟燭。

一、把麥克風插在音箱上，找出可以發聲的聲源，當然也可以用嘴巴發聲。

二、點燃蠟燭，把它擺放在音箱前一定距離內。

三、對著麥克風發出低音，並且把音箱調節到低音頻率。

四、接下來，就是不斷嘗試，直到蠟燭被熄滅的過程。

其實道理很簡單。音箱是聲源，發聲時候會振動，且低音具有一定的振動頻率。於是，振動時傳送的氣壓波使得空氣也劇烈地波動起來，而振動的空氣會熄滅火焰。

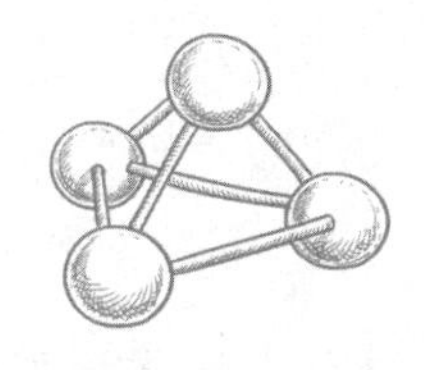

破聲障的超音速飛機

空氣能粉碎飛機？這聽起來似乎不太可能，但這卻是事實，歷史上就曾經發生過好幾次空氣粉碎飛機的事故。

原來，早期飛機的推動器是螺旋槳，螺旋槳式的飛機時速為700多公里。之後，人們發明出向後噴射大量高壓氣體產生反衝力而向前飛行的飛機，也就是現在大家耳熟能詳的噴射式飛機，其時速可達到900多公里。這個速度在當時已經是非常之快了。

但是，人們還想要製造出速度更快的飛機。我們都知道，音速是1200多公里／小時。因此就有人設想，飛機飛行的速度能不能超過音速呢？

於是，新發明的噴射式飛機試飛的時候試著趕超音速。但人們的想法似乎過於狂妄，當飛機速度達到1000多公里／小時並持續加速時，猛然間發出了震天巨響，飛機彷彿遇到了巨大的阻礙物，被撞得粉身碎骨。之後，人們又相繼作出努力，想要衝破這個像大山一樣的障礙物，但結果依然是飛機在空中變得粉碎。

人們百思不得其解，為解開這個謎題，飛機設計師、工程師和物理學家聯合起來，對事故進行嚴密的調查分析，反覆進行模擬實驗，終於找到了粉碎飛機的罪魁禍首，那就是空氣。

這一結果令大眾一片譁然，物理學家的解釋是：

飛機在空中飛行時，由於體積巨大，會使前面的空氣收縮壓緊，形成一堵肉眼看不見的「空氣牆」，這堵牆壁就形成了山一樣的障礙物，總是阻礙飛機飛行。當飛機的速度越大，空氣的密度也不斷增大，從而這堵「空氣牆」就越堅固。因為飛機周圍壓力各不相同，存在著壓力差，飛機速度越快，這個壓力差的值也就隨著增加，從而使飛機粉碎。

物理學家把「空氣牆」的阻礙作用稱之為「聲障」，一段時間以來，「聲障」被認為是難以跨越的。於是就有人提出，難道人類就無法超越音速嗎？事實不是，減小飛機周圍的壓力差，突破「空氣牆」的障礙也不是不可能。

科學家們透過研究發現，如果把飛機造成兩頭尖、中間粗的形狀，把飛機的兩翼再朝後一些，飛機飛行時的壓力差就可以減小。隨著技術的不斷改進，現在，一些先進的噴射式飛機的速度已經達到了聲速的兩三倍。

物理碰碰車

撕裂空氣的大爆炸

1947年10月的一天，美國西部的莫哈威沙漠上空一片沉靜。忽然，從空中的一架飛機上傳出了巨大的爆炸聲。隨著爆炸聲的響起，飛機後半部出現了一大團白色的水霧，彷彿給飛機套上了一件天鵝裙。爆炸過後，沙漠上出現了一群人，他們歡呼雀躍，把帽子扔上了天。

一切平息之後，飛機緩緩降落，隨後，飛機裡走出了一名年輕人，他叫耶格爾，此刻他激動萬分，他就是第一個把聲音拋在身後的人。

聲音炸彈來襲

聲音也能做炸彈？這真是太不可思議了！沒錯，聲音不僅能做炸彈，而且它做成的炸彈殺傷性還不小呢！

2006年4月26日，美國亞利桑那州的911報警電話被打爆了，人們紛紛表示，他們聽到了爆炸聲，某個地方發生了恐怖襲擊或地震！這是真的嗎？人們一下子恐慌起來。可事實卻讓人啼笑皆非——爆炸聲來自於兩架飛機超音速飛行時產生的音爆。

當然，音爆產生的趣事不止這一件！上世紀，一家開在美國空軍基地的養雞場老闆曾經控告空軍，原因是——他的上萬隻雞都被耍酷的飛行員用音爆給震死了！這些飛行員真瘋狂，怪不得雞場老闆會生氣！

當然，音爆的危害遠不止殺幾萬隻雞那麼簡單！在以巴加沙衝突期間，以色列空軍曾在夜間對加沙城實施了多次音爆襲擾。當時，強大的「音爆」猶如重磅炸彈響徹整個加沙走廊，人的耳朵根本無法承受。與此同

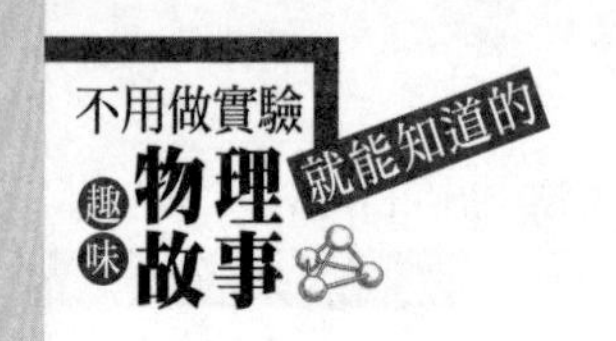

時，巨大的震動波還震裂了牆壁，震碎了無數玻璃！

聽起來像炸彈爆炸的音爆，到底有多大的能量呢？一般來講，一架低空超音速飛行的戰鬥機產生的音爆就足以震碎門窗玻璃！

更有人測量過，一架在16000公尺高空以兩倍於音速飛行的飛機產生的音爆在地面上的人聽來，就像身處一個重金屬音樂會的大音箱旁。

那樣的聲音可是很恐怖的！正因為如此，很多時候，低空飛行的飛機是不允許做超音速飛行的，以免不慎震壞了門窗或者某人的耳朵！

當然，最有趣的是，駕駛飛機的飛行員竟然對音爆「充耳不聞」。因為身在激波的中間，處於穩定的壓強條件下，因此飛行員完全聽不到音爆，當然也就不會受傷。

是不是很恐怖呢？不過，這樣強烈的音爆還是很少見的，如果你真想聽音爆聲，就去公園聽老爺爺打陀螺吧，那也是音爆的一種！這種音爆聽起來是不是可愛多了？

物·理·碰·碰·車

恐龍也會製造「音爆」

音爆，是物體在空氣中運動的速度突破音速時產生衝擊波所引起的巨大響聲。通常，超音速戰鬥機或其他超音速飛行器跨音速飛行時會出現音爆。

公園裡的老爺爺會產生「啪啪」的清脆響聲，這就是抽鞭子時鞭梢的速度突破音速而形成的。

此外，還有科學家推測，距今1.5億年前，恐龍尾巴以音速甩動時也會產生音爆！至於這是不是真的，恐怕只有恐龍知道了。

如果聲速下降了

現在大家說話交流的時候非常順暢，可能此時大家也不會想到聲速在其中起的作用。但是如果有一天聲速真的下降了，你可能馬上就會懷念正常的聲速了。

假設聲音的速度從340公尺／秒變為340毫米／秒，也就是減小了1000倍，這樣的速度比人的步行速度還要慢,會發生什麼情況呢？

在這種情況下，當你的朋友向你走來的時候，你聽到他說的話順序會發生顛倒，你甚至可能會感覺你的朋友正在胡言亂語。

這是因為他剛發出的聲音先了傳來，而之前他跟你說的話卻更晚到達你的耳朵。

除了上面的情況，我們還可能會遇到這樣的情況。在通常狀況下，如果屋子外面的人來回走動並且邊走邊說話，按照常理這並不會防礙到你聽到他說話，但是如果聲音速度減小，他先說的話會和後說的話重疊在一起，這個時候你根本聽不清他說的話，只能聽到一片嘈雜的噪音。

所以，如果聲音速度變慢，還真是會給人們的生活帶來很多不方便。但是幸運的是，這只是一個假設。不過，下次與朋友談心聊天的時候，要在心裡默默地感謝一下沒有發生改變的聲速吧！

物·理·碰·碰·車

捕捉聲音的「聲音黑洞」

聲音也能被捕獲？聽來不可思議，但人造聲音黑洞確實存在，它能促使科學家探測到霍金輻射，可以為摧毀黑洞打下基礎。

科學家仿照黑洞形成原理，讓一種特殊的材料以超音速在介質中穿行，這樣，原本在介質中穿行的聲音就會因跟不上這種材料的速度而最終被捕獲！當然，如果你發現了其他摧毀黑洞的方法，孩子，那就不需要聲音黑洞了。你能發現嗎？

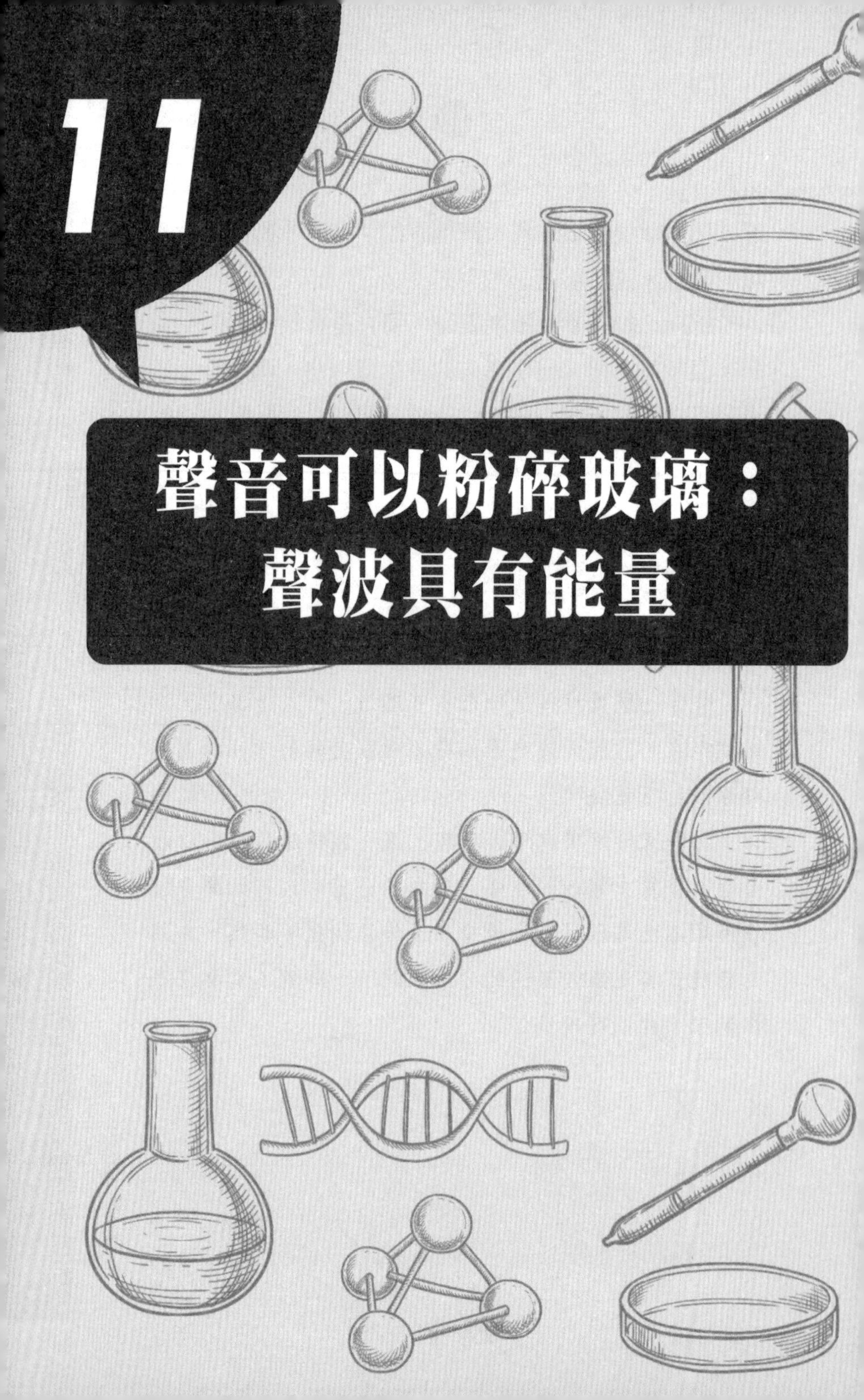

11

聲音可以粉碎玻璃：聲波具有能量

底是什麼擊碎了玻璃杯

在漫畫中會有這樣較為誇張的情節：一個人特別生氣，大叫一聲，然後震碎了桌子上的杯子，頭頂上的燈，整個地板也都跟著顫抖起來。

近來，這樣的漫畫情節居然真的發生了。據報導，一位男高音歌唱家在劇場表演，觀眾席上座無虛席。只見他輕盈地走上舞臺中央，金色的卷髮在燈光的照耀下格外耀眼。他輕輕揮起右手停在半空中，深吸一口氣，從嘴巴裡爆發出響亮的男高音。沒過多久，舞臺周圍的裝飾燈被震裂了，觀眾的眼鏡被震碎了，整個歌唱大廳都快要被聲音震垮了。看到這則報導的人們不禁懷疑起這則新聞的真實性，高音真的能擊碎玻璃嗎？

後來，科學家專門對此作出了解釋。他們邀請到了許多高音歌唱者，在實驗室擺滿了幾十個不同厚度的玻璃製品，有杯子、瓶子、燒杯等。接著用不同音量發音，結果真有幾隻杯子和瓶子被擊碎。當然發出如此高分貝的音量也不是一般人能做到的。

聲音是如何將玻璃擊碎的呢？原來，聲波的震動會產生能量，這個能量就是「聲能」。聲音透過介質的傳播，會以波的形式發生轉移和轉化。當聲波傳遞到其他介面後，會帶動其他物體震動。

如果在發聲的高音喇叭前面放一支燃燒的蠟燭，我們能觀察到蠟燭火苗的偏移。

細數聲音的要素

聲音有三個要素，分別是響度、音調和音色。聲音在單位時間內完成振動的次數，叫頻率，頻率越大，聲源振動得越快。人耳能聽到的聲音頻率在20～20000赫茲之間。音調，表示聲音的高低，由頻率決定，頻率越高音調越高。

音色，是聲音的特色，不同的發聲體因材料、結構不同而具有不同的音色，如小提琴和鋼琴的聲音就不同。當然，你的聲音也是不可複製的！

聲音變小後，聲波去哪了

我們知道聲音以波的形式在各種介質裡傳播著，我們稱之為「聲波」。那麼，你有沒有想過，人的聲音變小時，聲波跑到哪裡去了呢？是消失了嗎？

在一般房間內談話時，人們的聲波會反彈到牆壁上200次到300次，反射到牆壁上的聲波會促使牆壁發生肉眼感觸不到的振動。

在這個過程中，聲波會損失一部分能量。這部分能量被牆壁吸收後，使牆壁的溫度逐漸提升，當然，升高的溫度很不明顯，否則，如果我們說了很多的話，房間恐怕會成為大蒸籠的。

諾爾頓教授在他的著作《物理學》中寫道：「上萬個人竭盡全力地拼命大喊，所得到的能量才可能微微地點亮一盞燈。這麼多人的聲音能夠持續多長時間，這點光亮也才能維持多久。」如果想用製造聲音的方法來傳遞1焦耳的熱量，就需要歌唱家晝夜不停地唱一整天。可見這點熱量有多麼微乎其微。

因此，在這個世界上，只要有任何事物發出聲波，聲波都不會消失，例如在室內說話，說話的聲音轉化為空氣分子的熱運動和牆壁的振動。

其實，所有的音符都是永恆的，如果房間內的空氣分子沒有內部摩擦，牆壁也有足夠的彈性的話，那麼，房間內的聲音會永不停歇。

慈禧的戲臺聲音為什麼特別大

慈禧太后看戲的時候，戲臺是個半圓的階梯型看臺，觀眾高高地淩駕於場地中心舞臺之上。在觀眾席上，連幾十公尺遠的舞臺上撕紙片這種輕微的聲音都可以清晰地聽到。這是因為建築師正確地利用了聲學的反射與折射及聲波聚焦，他們創造了真正的聲學奇蹟，令後人感到敬佩。

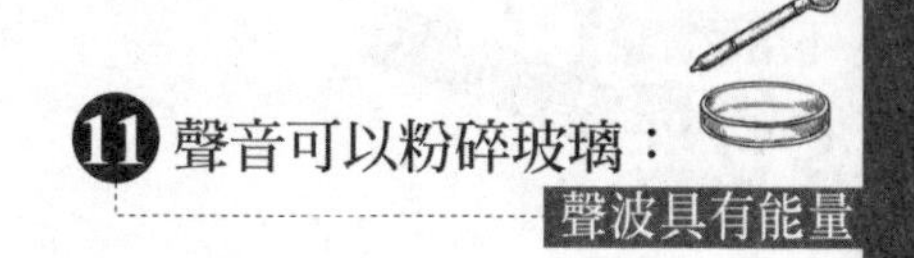

廚房能開音樂會

去音樂廳聽音樂總是給人一種美的享受，其實自己動手演奏也別用一番風味哦！什麼？沒有樂器，去廚房找找，那裡的樂器也不少哦！

小英是個勤勞的孩子，打掃、洗碗、煮開水等家務事全會做。一天，她將水灌入保溫瓶時發現保溫瓶裡有聲音，她非常疑惑。她灌保溫瓶的時候，熱氣騰騰，很難看清水是否灌滿，但是幾乎都聽得出來，水是不是灌滿了。剛開始水瓶是空的，水撞擊瓶底發出低沉的咚咚聲，隨著水位的升高，聲音變得尖細起來。因此，小英透過聽聲音的變化，就可以準確地知道保溫瓶是不是灌滿了。

但這是為什麼呢？為了尋求解答，小英找到了自己的物理老師，恰巧他們下周就要上聲學課了，老師說：「下周做實驗課，我為妳解謎吧！」時間很快就到了做實驗課了，老師開課前就和同學們說：「讓我們先尋找一下這個聲音是怎麼發出來的。用一支鉛筆輕輕地敲一

下隔熱層，隔熱層發出的聲音和灌水時聽到的完全不一樣。看來，那聲音不是隔熱層發出來的。」同學們都議論紛紛，小英體會最為深刻，她可想得知這隔熱層裡還有什麼？空氣和水？似乎也不像流水發出的嘩啦嘩啦的聲音，「嫌疑犯」就是瓶子裡的空氣嗎？

老師說：「別看空氣看不見摸不著，但空氣是我們這世界中聲音的主要發生和傳播者。」老師接著又說：「小英，妳現在可以利用這個知識解釋灌保溫瓶時聽到的聲音了。」

小英說：「水灌進保溫瓶裡，擾動了空氣，使空氣振動，隨著水位的增加，上方的空氣柱變短，所以音調變高。」

老師說：「現在，我們進一步把這個道理推廣開來，便可知道，這也是許多管樂器發聲的原理。其實，笛子是用一根竹管做成的，在側面開了許多孔。吹笛子的時候，用手指堵住不同的側孔，就能改變音調。堵住側孔的作用，就是在控制笛子內空氣柱的長度。笛子管內空氣柱的長度是從吹口處到第一個被打開的側孔計算的。如果用手指把側孔全部堵上，空氣柱最長，音調最低，把最靠吹口的一個側孔打開，空氣柱最短，這時候音調最高。你再想想，單簧管、雙簧管等管樂器，不也是用這個道理嗎！原始的號也是一樣，這種樂器很長，西藏喇嘛寺舉行慶典的時候，吹的法號有十幾公尺長，發出的聲音很低沉。如今把號管卷起來，這也是一個聰明的發明。」一節課之後，小英和她的同學都增長了不少知識。

其實，廚房裡的鍋碗瓢盆放入不同高度的水，完全可以演奏非常美妙的樂曲，你可以自己嘗試一下。

物·理·碰·碰·車

空氣柱統一度量衡

空氣柱不僅能夠演奏樂曲，還能作為標準統一度量衡呢！這事發生在古代的中國。那些學者曾經利用空氣柱的長度和體積來統一全國的度量衡。

他們選擇十二個音律管中的第一根，即黃鐘律管，作為度量衡的標準。把它的長度定為九寸，用它作為全國度量衡的基準。各地方都保存著由中央統一翻造的黃鐘律管，好隨時對照。

尋找最響的聲音

世界歷史之最，也許你知道很多，比如世界最高的山峰是聖母峰，世界國土面積最大的國家是俄羅斯等。但你知道世界有史以來的最大聲響是發生在哪裡嗎？

如果要得到答案，那可就要追溯到1883年的印尼的一次火山爆發了。在蘇門答臘島和爪哇島之間的巽他海峽上，有一座叫喀拉喀托的小火山島。這座小島的大火山在此前也大規模爆發過，這一次在沉寂了200多年之後再度爆發，它的這次爆發異常猛烈。大約有200億立方公尺的岩石被炸成碎片？灑到空中，火山灰覆蓋了印尼一半的國土面積，彌漫到了相距160公里的雅加達，造成印尼及鄰近國家連續幾個月處在濃霧當中。

火山爆發同時引發了巨大的海嘯，海浪高達35公尺，造成蘇門答臘島和爪哇島兩岸5萬多居民死亡，財產損失之大難以統計，海嘯的餘威波及印度洋乃至西歐，改變了海底地形，水深變淺，海底崎嶇不平，使得

20萬噸以上巨型輪船難以順利通過。

這次火山爆發不僅釋放出的前所未有的巨大能量，也產生了世界歷史以來的最大聲響。它產生的聲響令居住在5000公里以外的居民都能耳聞。不僅如此，全世界的地震儀都測量到了這次爆炸，可見它的範圍波及之廣。經過測試，這次火山爆發產生的聲波繞地球轉了好幾圈，歷時108小時之後才逐漸消失，足見這次聲響有多麼巨大。

蝙蝠、海豚的發聲頻率

蝙蝠能夠發出超音波，頻率範圍在10000～120000赫茲，雷達的發明就是蝙蝠給人類帶來的啟發；海豚也能發出超音波，範圍在7000～120000赫茲，海底的聲納就是仿照海豚的發生結構製造的。

被風摧毀的大橋

你能相信，一座長1500多公尺的大橋被風摧毀了嗎？這聽起來是絕對不可能的，但它確實發生了！

1940年11月的一天，俄羅斯人科茨沃斯正準備駕車通過塔科馬海峽大橋。忽然，大橋劇烈晃動起來，並開始傾斜。很快，他就聽到混凝土撕裂的聲音，大橋要塌了！他飛快從車裡爬出來，拼命向安全地帶爬去……

後來，當劫後餘生的科茨沃斯得知大橋坍塌的原因時，不禁啞然失笑。原來，大橋竟是被風吹倒的。由於橋的特殊設計，風可以從橋面上下兩端穿過，當風的振動頻率和大橋的振動頻率一致時，會產生共振，進而就會引起大橋坍塌。

共振是什麼，怎麼這麼厲害？簡單講，共振是兩個振動頻率相同的物體，當一個發生振動時，引起另一個物體振動的現象。當橋內部的機械頻率跟風的頻率相同時，就會產生共振。雖然，這種頻率相同的概率很小，但後果非常嚴重。

在爬雪山的時候也不允許大聲說話，甚至打噴嚏也是及其危險的，這也與共振有關。因為大聲說話或打噴嚏可能會引起雪層共振，進而出現大雪崩。所以，不要以為不可能發生的事就不會發生，在物理世界中，瘋狂的事情隨時都可能出現！

部隊過橋為什麼便步走

解放軍列隊過橋的時候，即使之前是正步走或者齊步走，在上橋之後也會變成便步走。這也是因為共振。如果隊伍走路的步伐一致的話，也會產生一定的頻率，很可能和大橋產生共振，引起坍塌。

當然，部隊去地震的災區搶險救災的時候也要避免齊步走，雖然齊步走看起來很有氣勢，但是如果頻率剛好與當地的土地產生共振，就可能會引起餘震。

共振讓和尚生了病

共振真是個奇怪的東西，不僅能夠毀滅一座大橋，人竟然也會被共振嚇出一身病來，這是怎麼回事呢？

在古代，洛陽有個和尚買了一個磬，形狀類似於鐘，是一種能發出聲音的樂器。這磬造型精美，和尚很是喜歡，於是把它擺在放在房間裡。

可是很快就出現了奇怪的事情。這個磬放在房間以後，總是無緣無故地發出「嗡嗡」聲。和尚以為是老鼠碰到了磬，就沒在意。但是一連好多天這聲音都沒有消散，這「老鼠」趕也趕不走，找也找不到。

這件怪事在廟裡漸漸傳開，寺裡的和尚都認為這是鬼在作怪。於是他們又想了很多辦法想要把這「鬼」驅走，但也都沒有成功。

最終，買磬的和尚被嚇出了病。有一天，他的一位樂師朋友來探望他。樂師聽說了這件怪事，就拿起磬來敲了敲，左看看，右看看，折騰了好長時間也沒搞清楚是什麼原因，他也準備無奈地起身告辭了。恰在此時，寺裡的大鐘響了，那個磬也跟著「嗡嗡」地響起來，和尚聽到這個聲音，求救般地看了樂師一眼。

樂師看了一眼和尚，又看了看磬，緊皺的眉頭舒展開了。他笑著說：「你不用擔心，明天我來把「鬼」趕走。」

第二天，樂師果真來了，他從懷中拿出一把銼刀，在磬的不同地方狠狠銼了幾下。這樂師還真神，自從銼過以後，那個磬再也沒有發出「嗡嗡」的聲音。

寺裡的和尚都來向樂師詢問緣由，樂師告訴他們說，磬總是自己發出聲音的原因是寺裡大鐘的頻率與磬的頻率一樣，產生了共振。把磬銼了以後，它與大鐘的振動頻率就不同了，所以也就不會隨便地響了。

物·理·碰·碰·車

讓桌子唱歌的共振音響

我們經常見到的音響都是帶喇叭的，它是透過喇叭震盪空氣達到傳遞音效的效果，只能向著一個方向傳遞，但是共振音響可以360°傳播音樂，因為共振音響可以將音樂轉化為介質的振動，使介質產生共振，從而讓物體播放出悠揚的音樂。

如果把共振音響放在桌子上，桌子就會透過共振放送悅耳的音樂，在桌子四周的人都可以清楚地欣賞到音樂；如果把共振音響放在門上，那麼門兩邊的人都可以獲得相同的音樂效果。

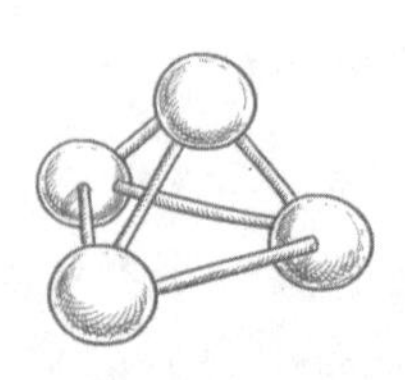

看不見的兇手

有這樣一個殺手，人們看不到摸不著，甚至連它的聲音都聽不到，但是它卻能在一瞬間置人於死地。

千萬不要以為它是什麼陰險毒辣的武林高手，其實它只是物理學中非常常見的一種現象——次聲波。

20世紀50年代，曾經在馬來半島的麻六甲海峽上發生了一件舉世震驚的奇案。一艘名叫「烏蘭・米達號」的荷蘭貨船經過這裡的時候，船上的全體船員以及攜帶的一條狗全部死亡。

調查發現，他們沒有外傷，也沒中毒的現象，倒像是心臟病突然發作而死亡的。

幾十年都過去了，這件案子的偵破工作仍然沒有絲毫的進展。直到最近，這個案子才被物理學家偵破。

這個殺手到底是誰呢？它就是看不見、聽不著的「次聲波」。次聲波也屬於一種聲波，它比我們能夠聽到的聲音振動得慢一些，每秒鐘僅僅振動不到20次。它

振動得太慢，所以人的耳朵就聽不到它了。雖然我們的耳朵聽不到，但是它的振動所產生的能量對人體的危害卻非常大。

科學家曾經做過專門的實驗來研究次聲波，結果告訴人們，用強烈的次聲波照射人體可能會引起感覺失常，人會感到舉步維艱，似乎有一個強大的力量在強迫人體旋轉，這時候眼球也會不由自主地轉動。

在次聲波強度很高時——超過100分貝的「響度」，所有這些現象都被觀察到了。「烏蘭・米達」號駛過麻六甲海峽時，海面發生了強大的風暴，風暴帶動空氣的振動產生了次聲波。

外界不斷產生次聲波，心臟因此吸收了大量次聲波的能量並強烈地顫動起來，此時心臟狂跳、血管破裂，最後船員因心臟麻痺、血液停止流動而死亡。

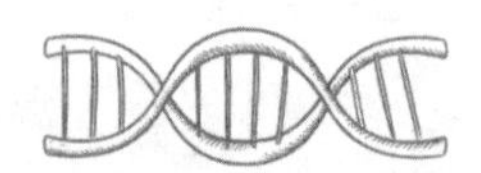

物·理·碰·碰·車

千里尋呼機——次聲波

次聲波會產生危害，但是也可以被我們利用。因為次聲波波長很長，容易繞過障礙物而繼續傳播，所以它能傳播得很遠。即使「旅行」千里，它的強度也不會減弱很多。人們可以利用這一特點來利用次聲波傳遞資訊。

以颱風資訊的傳遞為例，颱風中心的巨大海浪可以產生8～13赫茲的次聲波。它以比颱風快得多的速度向海岸傳來。這樣，接收次聲波的儀器就可以指出颱風的襲擊方向和強度，讓颱風可能經過的地方早作準備。

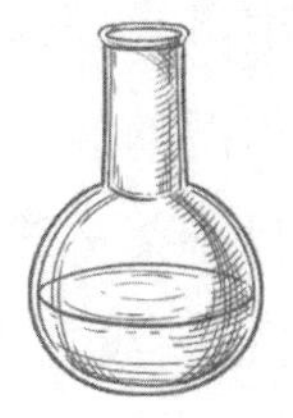

聽到路障的「蝙蝠俠」

夜深人靜，林子裡忽然發出一陣怪叫，一群吸血蝙蝠像惡魔般衝進了人類的村莊，隨後，慘叫聲不絕於耳……

吸血蝙蝠！它可是恐怖故事常見的主角。可你知道嗎，蝙蝠其實是個「睜眼瞎」，基本看不到東西。那它是怎樣看路並抓捕獵物的呢？答案就是——超音波。

跟次聲波相反，超音波是頻率高於20000赫茲的聲波。由於頻率很高，超音波的聲強比一般聲波大很多，帶有很大的振動性。知道眼鏡行怎樣洗眼鏡的嗎？把超音波攝入載滿水的容器中，再把眼鏡放入水中，超音波帶動的水的振動就可以洗掉眼鏡上的塵垢。很厲害是不是？這還是小菜一碟呢！

如果將高能的超音波聚焦起來，它甚至可以震碎石塊，醫院就常用超音波來擊碎人體內的結石。

當然，人耳是聽不到超音波的，但很多動物卻可以，蝙蝠就是其一。研究發現，飛行中的蝙蝠會不斷發出超音波脈衝，然後根據超音波反射回的回音來「認路」。

海豚也可以發出超音波，透過超音波的反射來判斷前面是否有障礙。雖然人類不能發射超音波，但是人類有聰明的大腦，我們利用蝙蝠和海豚「看」東西的原理，發明了聲納和雷達，利用超音波的反射來探測水下和空中目標。倒退100多年，如果鐵達尼號上裝了聲納，它肯定不會沉沒！

物理碰碰車

聽不到的「超音波」

大自然中存在著許多聲音，但並不是每一種聲音人類都能聽到。而且隨著年紀增加，聽力退化，原本不是超音波的聲音也可能變成超音波。比如老年人聽到高音時會異常遲鈍，他們聽到的聲音頻率的最大界限可能只有6000赫茲。

還有些人則天生聽不到昆蟲和麻雀的叫聲，但是他們的聽覺器官卻一切正常。

傳遞消息的超音波

除了正常頻率範圍內的聲音可以傳遞資訊，超音波也可以傳遞資訊，不過傳遞這種資訊卻需要狗的協助。

有兩個英國人隨殖民軍來到非洲掠奪金剛石礦，不巧的是，剛進來就被當地的土著人包圍了，被逮到了一間黑屋子裡。

「我也想不通，他們是怎樣發現我們的呢？為什麼一下子過來這麼多人包圍我們？」矮個子說。

「我們太大意了嗎？沒有啊，我們一直保持高度警覺啊！」高個子自問自答，「上一次，我們得手了，只要聽到土著人吹哨的聲音，就知道他們發現了我們，並且召集他們的人來包圍我們。可我們即時撤退了。」

「是啊，他們是用哨音來傳信的。」

「經我觀察，他們見到外人時，就吹一聲長長的哨音告訴其他的土人；見我們走了，他們就吹兩短聲，其實他們還挺聰明的。」他們雖然被抓了，但還是看不起土著人。

「這次……看來這個部落的土人比那個部落更聰明。」

「他們到底是怎樣傳信的呢？」

「我看見他們在吹放在嘴裡的一個東西。」

「是什麼東西？」

「看不清。那東西很小，吹的時候好像十分費力，但是聽不到聲音。吹哨的人還帶著一條大黃狗，這狗很聽主人的話，跟在後面一聲不吭，只是偶爾抬頭看看主人。」

「奇怪，人不喊，狗不叫，那麼遠處的人怎麼知道我們來了呢？」

「唉，落得這個下場，也是罪有應得!」

「人家的金剛石，當然不願意被別人搶走!」

但土人傳消息之謎，他倆始終也沒弄明白。

其實，當地土人也是靠哨音傳給遠方同伴的，不過，他們用的哨子很小，發出的不是普通的聲音，而是每秒鐘振動幾萬次的超音波。

人耳聽到的聲音，最低是每秒鐘振動20次的聲音，最高是每秒鐘振動2萬次的聲音，再低再高就都聽不見了。但狗能聽見超音波，土人訓練狗，使牠一聽到超音波就抬頭蹭蹭主人，主人知道情況有變，就吹哨向遠方發出超音波，一站接一站，各處的土人很快都知道了，一起趕來包圍偷金剛石的殖民者。

超音波的「透視眼」

超音波的應用領域非常廣泛。它已經在醫學上得到應用，聽不到的超音波和看不到的紫外線一起為醫療事業服務。在冶金工業中，超音波技術也得到了成功地運用，它可以「透視」厚達一公尺的金屬，也能發現小到1毫米的雜質。人們還可以利用它探查金屬的氣泡、雜質、裂縫等瑕疵。

人歡喜讓人愁的雜訊

沒有人喜歡雜訊，因為雜訊對人體有很多危害。它不僅能降低人的聽力，還會引發頭痛、神經衰弱和飲食不振等症狀。長期生活在雜訊環境下的人，甚至會引起呼吸、血壓和腸胃方面的疾病。

另外，雜訊還會降低人的智力水準。有研究發現，在鐵路附近的學校裡接受教育的學生，他們的閱讀能力和學習成績，明顯比位於安靜區域的學校的學生低。

不僅對人，雜訊對動物的危害也不容小覷。有一項科學實驗測試出來，如果兔子處在160分貝的噪音環境下，它們就開始體溫升高、心跳不穩，甚至會躁動不安地亂衝亂撞。生活在水裡的魚類同樣不喜歡雜訊，它們一聽見輪船螺旋槳的聲音就會飛快地逃跑。

儘管如此，雜訊也不是百害而無一利的。人們可以利用雜訊更便捷地做一些事情。

雜訊可以催熟種子，經研究發現，不同的草類發芽的時間各不相同，對雜訊的敏感程度也不一樣。人們利用這個特點發明了雜訊除草機。這種機器產生的噪音專門針對雜草，它使雜草受到刺激而提前發芽，這樣，等到農作物生長時，雜草已經被消滅掉了，自然無力危害農作物了。

這只是目前人們對雜訊利用的幾個小例子，隨著科技的發展，人們肯定能夠更多地利用雜訊。

聲音的安全範圍

為了防止噪音對人體的危害，著名聲學家研究了國內外各類噪音的危害和標準，提出了三項建議：

一、為了保護聽力和身體，噪音的允許值在應該在75～90分貝。

二、為了保障通訊聯絡，環境噪音的允許值在應該在45～60分貝。

三、睡眠的時候，周圍的聲音應該在35～50分貝。

最理想的安靜環境是30～40分貝。如果突然暴露在高達150分貝的雜訊中，輕則鼓膜破裂出血，雙耳失去聽力；重則引發心臟共振，導致死亡。

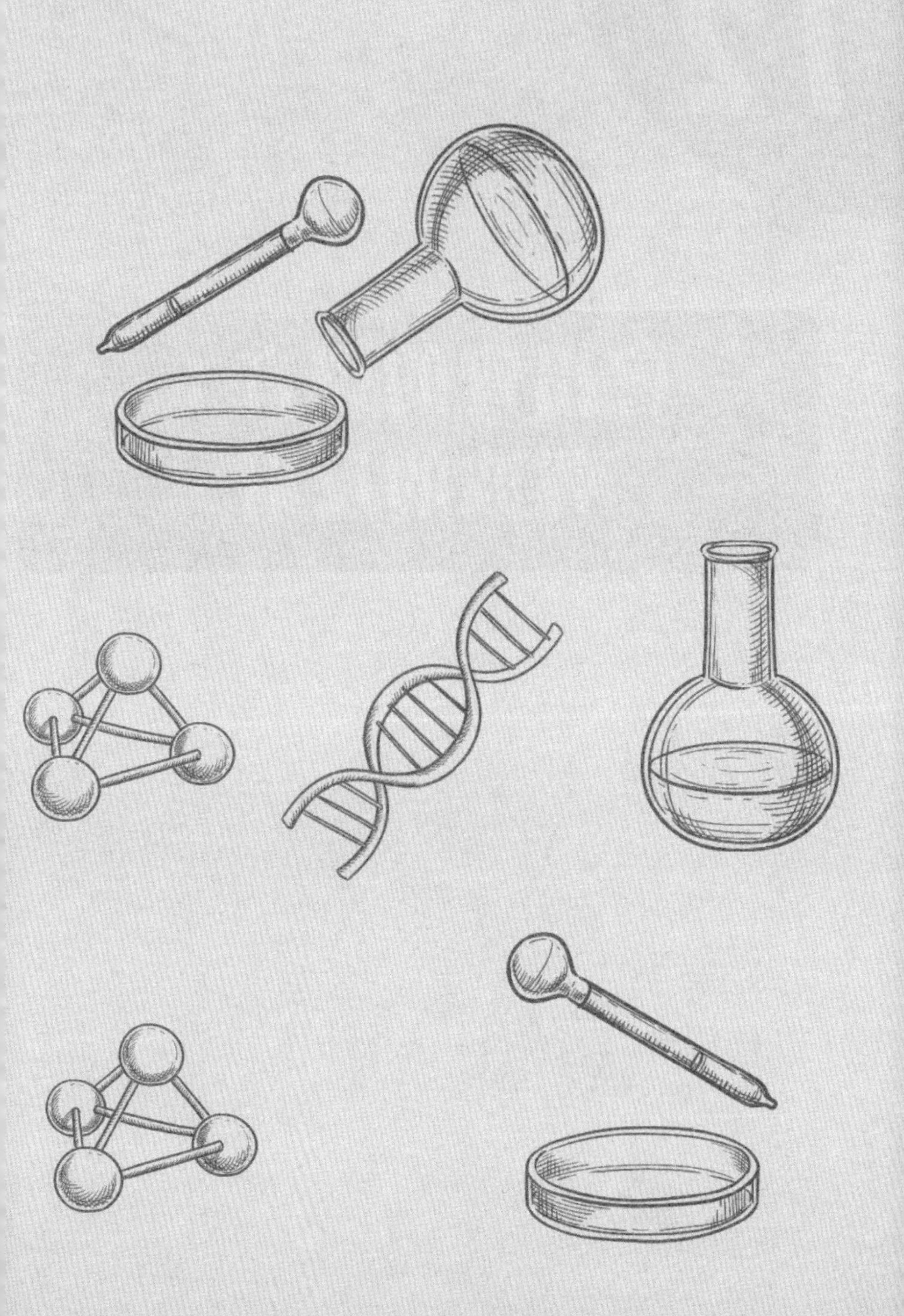

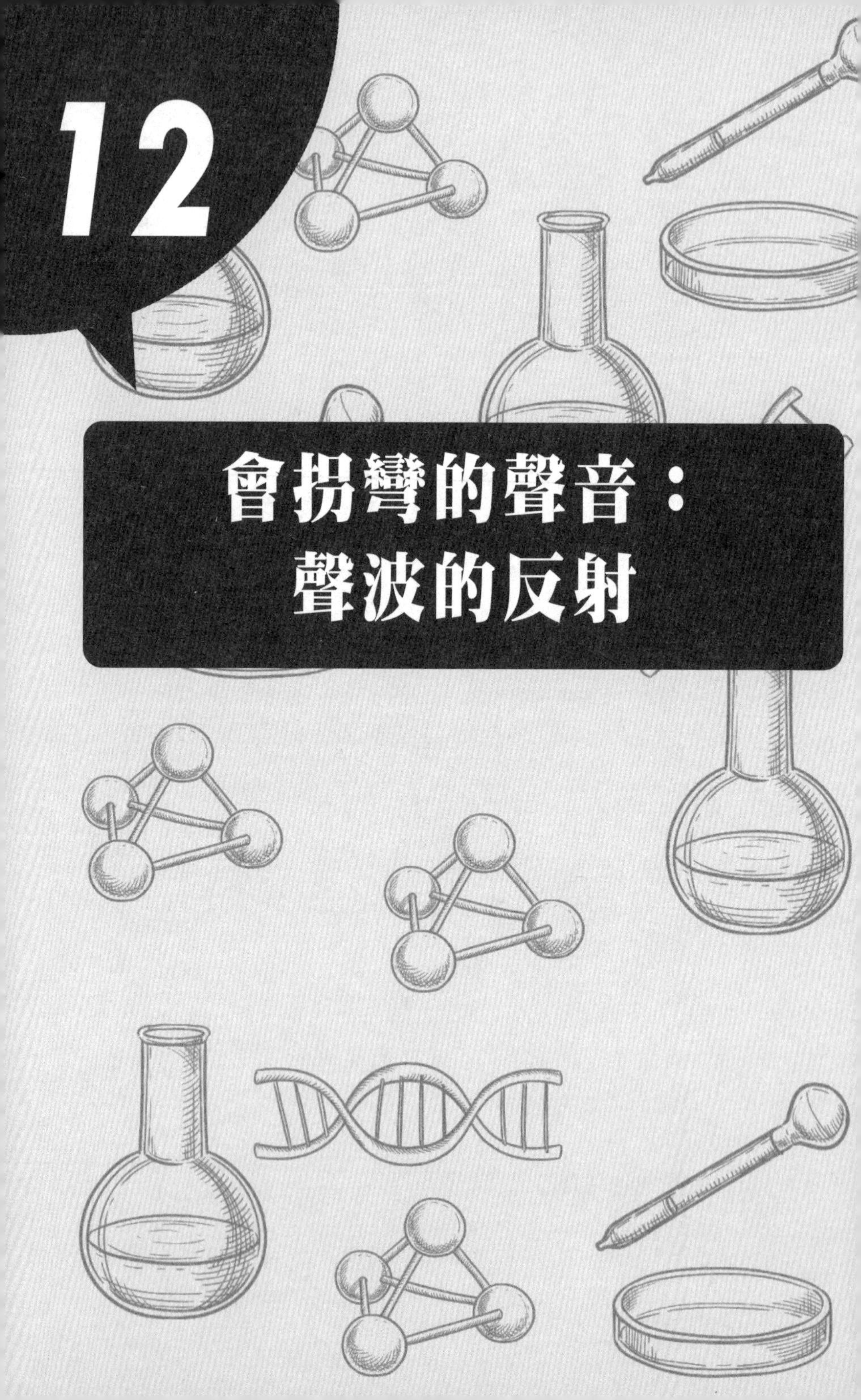

12

會拐彎的聲音：聲波的反射

回音讓石像復活

石像突然開口說話了，這也太可怕了！是神仙顯靈了嗎？當然不是，這只是工匠們跟大家開的小小玩笑而已。

和平面鏡反射光線的原理相似，森林、高高的院牆、大建築物、高山，總之，能夠反射回音的所有障礙物都可以叫做聲音的「鏡子」。反射聲音的「鏡子」與反射光線的鏡子的不同之處在於，反射聲音的「鏡子」不是平面的，而是凸面或者凹面，或者不規則曲面。其中的凹面的「鏡子」會把聲線聚攏在「鏡子」的中心位置。

中世紀的時候，就有建築師利用凹面「鏡子」的這種功能，建築了一座奇妙的聲學建築。

在這座建築中，拱形的屋頂把經由傳聲管從外面傳進來的聲音送到半身像的嘴上，院子裡的各種聲音，透過隱藏在建築物裡的巨大傳聲筒，傳送到一個大廳中的半身人像旁邊，這些諸如海螺形狀的傳聲筒起到了收集

聲音的作用，而半身像所處的位置就是反射聲音的凹面鏡的焦點位置，參觀建築物的客人，會覺得半身像彷彿會說話。

凹面的聲音的「鏡子」所起的作用跟反光鏡非常相似，它會把「聲線」聚焦在它的焦點上。我們可以透過一個簡單的實驗來體會一下：

先找兩個盤子，把其中的一個放在桌子上；另一個用手拿著，放在一隻耳朵附近。然後用另一隻手拿著你的錶，把它放在距離桌子上所放的盤子幾公分高的位置。試幾次之後，你就能找手錶、耳朵和兩個盤子的位置，這時候，你能聽到錶的指針跳動時發出的滴答聲，它就彷彿是從耳朵旁邊的盤子上發出的一樣。

如果閉上眼睛，這種錯覺會更加明顯，這時如果想只憑藉聽覺來判斷錶在哪隻手裡就非常困難，而且基本不可能了。這種現象是不是很奇妙呢？

當然，聲音不同，得到的回音也不同。通常越尖銳的聲音，回音越清晰，如巫婆的尖叫。而與此相反，低沉的守墓人的聲音，回音就很模糊了！

物·理·碰·碰·車

聲音的「鏡子」——雲朵

聲音是以聲波的形式傳播的，聲波一遇到障礙物，就會被反射回來，形成回音。當然，除了堅硬的障礙物，像雲一樣柔軟的東西也能反射聲音，甚至完全透明的空氣，某些時候也能反射聲音。

英國物理學家丁鐸爾就曾聽到從完全透明的空氣中反射過來的回音，那彷彿是用魔術從雲彩裡送回來一樣。

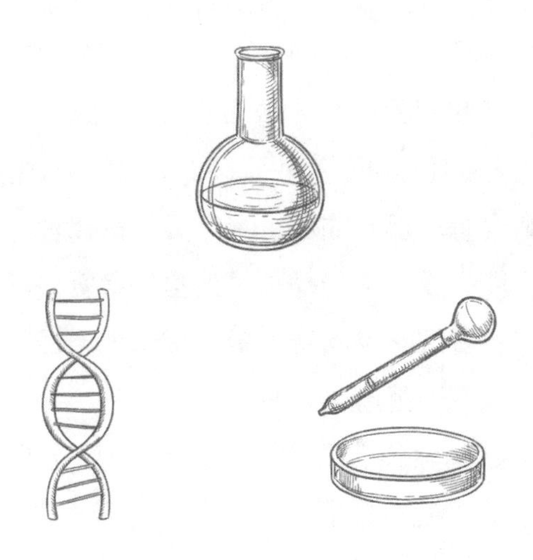

收集回音的怪人

有這樣一位收藏家，他心血來潮想要收集回音。為了達到目的，他不辭辛勞地買了許多能產生多次回音的土地。

首先，他在佐治亞州收買了可以重複產生四次的回音，接著又跑去馬里蘭買了可以響六次的回音，後來又到緬因州去買響十三次的回音，接下來買的是堪薩斯州響九次的回音和田納西州一處響十二次的回音。

田納西州的這處回音是他以非常便宜的價格買回的，因為峭岩有一部分崩塌了，需要進行修理。他以為可以將峭岩恢復成原來的樣子，但由於負責這項工作的建築師從來沒有調整過回音，結果這個地方最終加工完畢後，變得只適合聾啞人居住了。

這是美國幽默作家馬克・吐溫的一篇小說中的情節，當然只是個笑話故事。

但是，地球上的確實存在一些能夠響多次回音的地方，有些甚至還因此而享譽世界。比如英國伍德斯托克城堡的回音，能重複17音節，而且非常清晰；格伯士達附近的德倫堡城的廢墟，以前能夠得到27次的回音，後來一堵牆被炸毀後，回音竟然再也聽不到了；在捷克斯洛伐克的阿代爾斯巴赫附近有一個環狀的斷岩，在這個斷岩的某個地方，回音能夠使7個音節重複3次，但在離這個地點非常近，只有幾步之遙的地方，即使步槍的射擊也不會引起任何的回音；米蘭附近的一個城堡，從側屋的一個窗子裡放出的槍聲，回音可以重複40到50次，就是大聲讀一個單字，回音也能夠重複30次。

那麼該如何尋找回音呢？你需要記住的一點是不能站在離障礙物很近的地方。因為必須讓聲波走過足夠長的路程，形成一個時間差，以便使回音和你自己發出的聲音區別開來。這就不難理解，聲音在空氣中的傳播速度是每秒鐘340公尺，當我們站在距離障礙物85公尺的地方時，你會在發出聲音後再過半秒鐘聽到回音，假如你離得很近的話，比如2公尺，那麼你就很難聽到回音了。

世界上能夠產生多次回音的地方固然罕見，但是想找到一個僅能聽到一次回音的地方也不是一件容易的事，因為只發出一次清晰回音的地方並不多見。因為在地球上障礙物的放射面比較複雜，反射的聲波會比較複雜，所以回音往往是多重的。

回音都是一樣的嗎？

首先可以肯定的是回音與回音之間的差別還是很大的。回音的音質存在差別，也不是所有的回音都會很清晰。野獸在森林中嚎叫，嘹亮的號角在隔壁迴盪，歌聲在空谷蕩漾，它們引發的回音都不一樣。總而言之發出的聲音越尖銳，所得到回音就越清晰，因此相對於男人渾厚的嗓音來說，婦女和兒童的高音調所得到的回音要清晰得多。

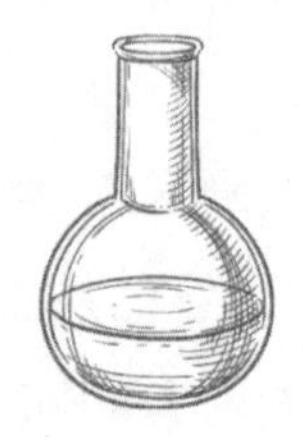

聲音做的量尺

「叔叔！」我大聲喊道。「什麼事，我的孩子？」沒過多久，他問。

「我想知道，我們兩個之間的距離有多遠？」

「這很簡單。」

「你的錶還能用嗎？」

「能用。」

「把它拿在手裡，喊我一聲並且記住你發聲的時間。我一聽到你的喊聲，就立刻重複一聲我的名字。我的聲音傳過去的時候，你記下它到達的時間。」

「好的。那麼從我發出聲音到我聽到你的聲音，這個時間的一半就是聲音從我這兒走到你那兒需要的時間。準備好了嗎？」

「準備好了。」

「注意！我要開始喊你的名字了！」

「阿克塞爾」，耳朵貼在岩洞上的我聽見了自己的名字，然後立刻回應，然後開始等待。

叔叔說：「四十秒，這就是說，聲音從你那兒到我這兒一共走了二十秒。聲音的傳播速度是每秒鐘三分之一公里，二十秒鐘大概走了七公里。」

這是儒勒・凡爾納的小說《地心遊記》裡的情節，教授和他的侄子阿克塞爾是兩個旅行家，他們在地下旅行的時候走散了。後來，他們發現能夠聽到對方的聲音，便想透過聲音這把「量尺」測量出二者間的距離，於是就有了上面的一段對話。

如果你能明白上面對話中所講的內容，那麼你就能解答出相似的問題了。例如，我在看到火車頭放出汽笛的白氣之後，過了一秒半鐘，聽到了汽笛聲，試問我離火車的距離有多遠？

要回答這個問題，你首先要知道聲音在空氣中的傳播速度是每秒鐘340公尺，汽笛聲用了一秒半的時間傳到我的耳朵裡，那麼我和火車頭的距離在那一秒的應該是：340×1.5＝510（公尺）

由此我們可以知道，無形的聲音，也可以當做一把有形的「量尺」來用，假如我們知道了聲音的傳播速度，那就可以借助這個速度來測量與一些不能靠近的物體間的距離了。

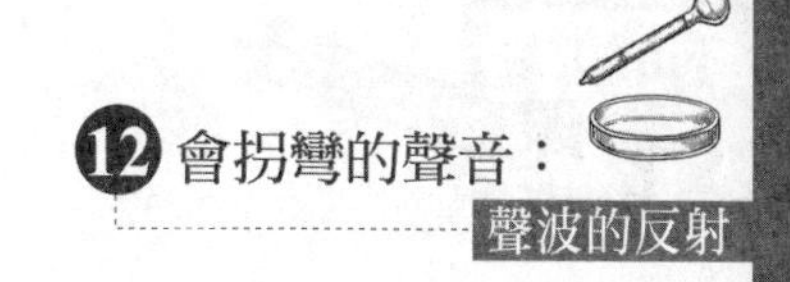

物·理·碰·碰·車

回音的多樣用途

除了用來測量距離，回音也可以用在地質勘探中。

勘探石油時，就常採用人工地震的方法。具體來說就是，在地面上埋好炸藥包，並放上一列探頭，然後把炸藥引爆，這時探頭就可以接收到地下不同層面反射回的聲波，從而探測出地下的油礦。此外，建築上也要用到回音。

在設計、建造大的廳堂時，設計者就需要考慮著回音來設計廳堂的內部形狀和結構等，以免影響到室內聲音的反射，進而影響聽覺。

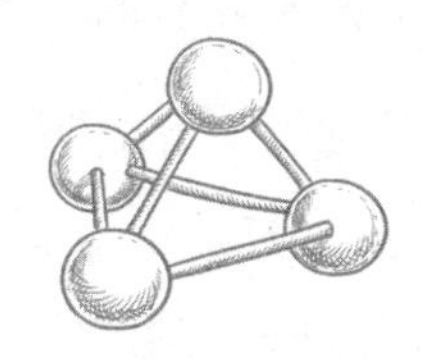

說話的山洞

曾經有一個暴君，他喜歡把犯人關押在一個山洞裡，犯人多次計畫逃跑都被這位君主提前知道，究竟是犯人內部出了奸細，還是另有隱情呢？

這個山洞位於義大利的西西里島上，那裡曾經有一個帝國叫做舒古拉帝國，傳說中的暴君名叫「傑尼西亞」。他總是把犯人關押在山洞裡，這裡的囚犯多次密謀逃跑，但都被傑尼西亞發現了。

起初，罪犯認為獄友中有內奸，他們彼此指責，互相懷疑，但始終沒有發現任何一個囚徒告密。

直到有一天，這裡又關進來一個囚徒，他是個數學家。當罪犯們又一次密謀逃跑時，數學家勸他們說不要白費力氣了，你們的計畫君主都知道得一清二楚。

他告訴大家，這個囚禁犯人的山洞洞壁是橢圓形的，大家都被關押在這個橢圓的一個焦點附近，大家說話的聲音經過洞壁的反射可以聚焦在另一個焦點處，而君主在這裡安排了一個密探，他可以把大家說的每一句話都報告給上司，所以，根本沒人能夠逃出去。聽到這裡，罪犯們都歎了一口氣，還給這個山洞起名為「傑尼西亞的耳朵」。

我們都知道太陽能鍋的原理就是利用凹面鏡把陽光會聚到一個點上，光是一種波，聲音也是一種波，所以它具有與光類似的性質，也可以用一個類似凹面鏡的東西會聚在一起。

如果我們將兩塊凹面鏡相對放在相距十幾公尺遠的地方，一個人在一個鏡子的前面小聲說話，站在另一面鏡子面前的人就可以清楚地聽到說話的聲音。知道了這個原理，如果你想聽到遠處的同學說話，怎麼做會比較好呢？

物·理·碰·碰·車

傘形竊聽器

美國曾推出了一種竊聽設備——傘形竊聽器。遠處的街上有兩個人在低聲交談，遠處的人聽不清楚他們在說什麼。此時只要屋裡的一個人打開一把大號陽傘，傘口對準窗戶外說話的人，在靠近傘柄的地方，談話聲就會變得清晰起來。

根據我們前面有關聲波反射的知識以及對聲波聚焦的講解，你能想出傘柄的長度是如何確定的嗎？

爆炸時，這裡一片寂靜

電視中演戰爭片的時候，我們經常可以聽到轟隆隆的爆炸聲，但是如果真的發生了爆炸，有一塊地方卻是完全寂靜的。當然，我們所說的這塊地方不是離爆炸地點非常遙遠的地方。

莫斯科近郊曾經發生了一次大爆炸，30噸炸藥爆炸了。

事後，經調查，在離爆炸點半徑為60公里的範圍內，人們聽到了爆炸聲。半徑60到150公里範圍內，人們什麼也沒聽到。這樣的情況是不是意味著，爆炸聲的傳播範圍在60公里以內呢？答案顯然不是肯定的，因為從半徑150公里到300公里範圍內，人們清楚地聽到了爆炸聲。那麼，60到150公里範圍內的這段寂靜區是怎麼形成的呢？

其實這還是跟聲音傳播的性質有關。聲音喜歡在溫度低的地方傳播。在大氣下層的對流層，溫度隨高度的遞增而降低；在較高的平流層中氣溫又隨高度的升高而

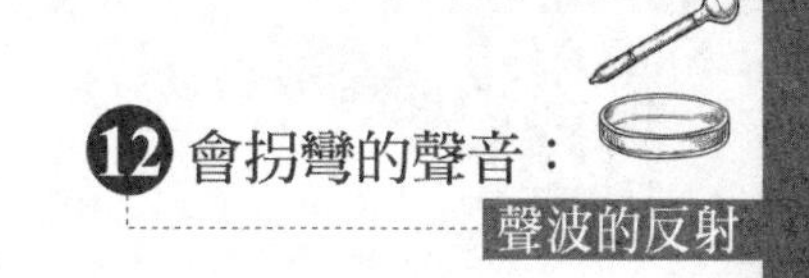

升高。

而地面的溫度，也有可能這裡溫度高，臨近的另一區域溫度低。在這種情況下，聲音傳播的路線曲曲折折。一開始，聲音向上彎曲，之後又發生反射，折回到地面，到地面後又發射到高空。

如果你問，那聲音不是沿著地面在傳播嗎？那我告訴你，聲音沿著地面是傳播不了的。因為俄羅斯的莫斯科郊外的地面狀況很複雜，到處有山丘、樹木、建築物以及許多其他凸凹不平的障礙物。聲波遇到這些障礙物，就會被完全反射或吸收。

莫斯科郊外的爆炸聲，最初的時候沿著附近60公里的地面傳播，之後遇到障礙物，聲音被完全反射高空低溫處，聲波不斷彎曲。在高空時，由於空氣對流，密度小的熱空氣要上升到較冷的高空中，因此聲波伴隨著熱空氣向上拐彎，越過頭頂而傳到上方的冷空氣中，在高空中繼續向外傳播。

聲音在高空中傳播的過程中，地面上的人們當然完全聽不到。直到150公里以外，空氣溫度又發生了變化，地面溫度變低，密度變大，聲音轉而彎向地面，於是150公里到300公里範圍內的人們就能夠聽到聲音了。

如此一波三折，聲音傳播途中就在60～150公里之間形成了一段寂靜區。這種寂靜區發生在平時沒有多大妨礙，但若是在戰場上，如果指揮員正好處於寂靜區，沒有聽到槍響，那就十分危險了。

下雪時，街道為什麼格外安靜

大雪過後總是十分寂靜，很多文學家在形容雪景時也總愛用「萬籟俱寂」「萬籟無聲」等詞來形容，其實這也是有原因的。

剛堆積的雪十分蓬鬆，雪層裡有許多氣孔。因為氣孔都是體積大而出口小，聲波透過這些氣孔時會發生反射，但是氣孔的小小出口會把大多數聲波吸收掉，使得只有少部分聲波被釋放出來。所以，在人們聽來，喧囂的世界一下子就安靜了許多。

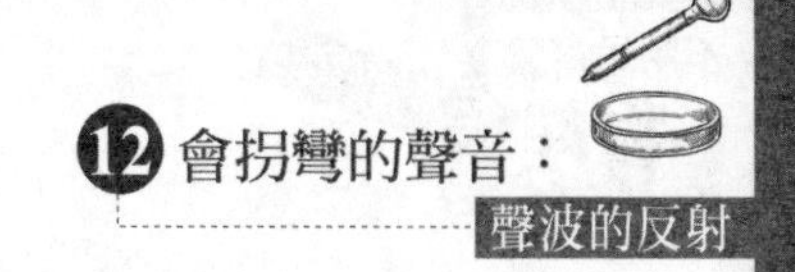

「海豚男孩」的定位絕技

蝙蝠和海豚都是利用超音波來看路的，實際上它們利用的就是聲波遇到障礙會被反射的原理，那麼人類發出的聲波能不能用來看路呢？

英國有一位4歲的小男孩就做到了這一點。他是個盲人，常常會一邊走路，一邊嘴裡發出「嗙噠嗙噠」的聲音！如果你在街上見到這樣的小男孩，千萬不要驚訝，那就是正在利用「回音定位法」來認路的奇人！

走在街上的時候，小男孩會用自己的舌頭發出響亮的聲音，由於聲波能夠被反射，所以當聲波撞到前方的物體後，就會產生回音。

如果耳朵特別靈敏的話，這回音就會回饋到盲人的耳朵裡面，他可以透過這個回音在大腦中分辨出前方遇到的障礙物是大是小、形狀如何以及距離自己多遠。

這種方式與健全人透過眼睛看到物體的視覺處理方式差不多，只不過健全人使用光波定位法，而這個英國的小孩則是利用了「回音定位法」透過回音在大腦中形成物體的影響。這個4歲的小男孩，就是透過這種「回音定位法」擺脫了失明給自己帶來的不適，實現了「暢行無阻」，因此人們都親切地叫他「海豚男孩」。當然，如果你願意，也可以叫他「蝙蝠男孩」。什麼？你也想嘗試透過聲音來「認路」？你的眼睛又沒有問題，還是好好用眼睛看路吧！

上天的回音——天壇圜丘的秘密

天壇圜丘的聲學奇蹟是中國古代建築匠師的卓越創造。圜丘是三層石台，每層都有臺階，最高層離地5公尺多。登上臺頂，站在圓心石上喊話，會覺得聲音特別洪亮，這是因為台頂不是水平的，而是從中央往四周坡下去的。人們站在中央喊話，聲波從欄杆上反射到檯面，再從檯面反射回耳邊來。

又因為圜丘半徑較短，回音能與原聲混合在一起，所以聲音聽起來會比平時大很多。但是站在圓心以外說話，或者站在圓心以外聽起來，就沒有這種感覺了。

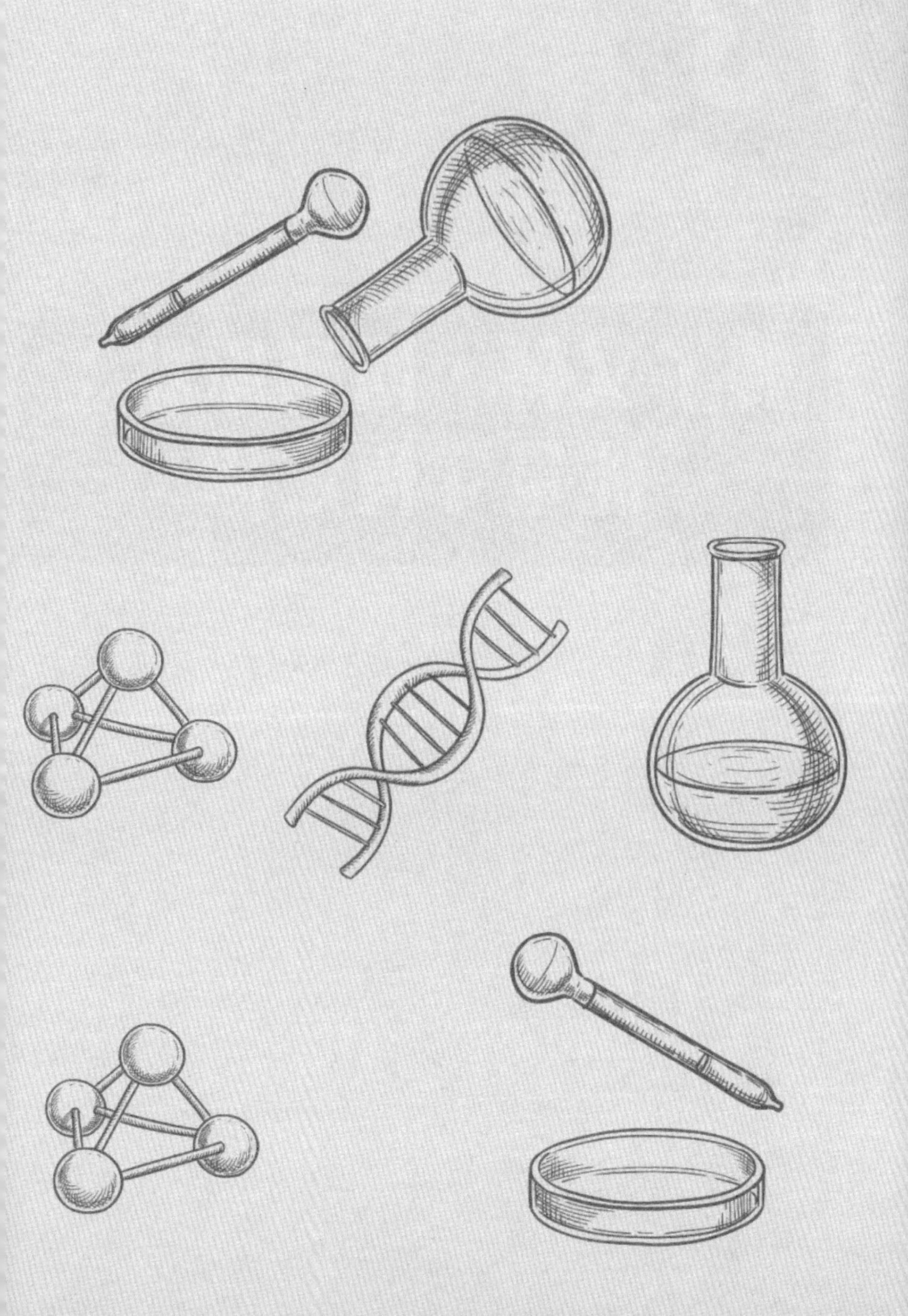

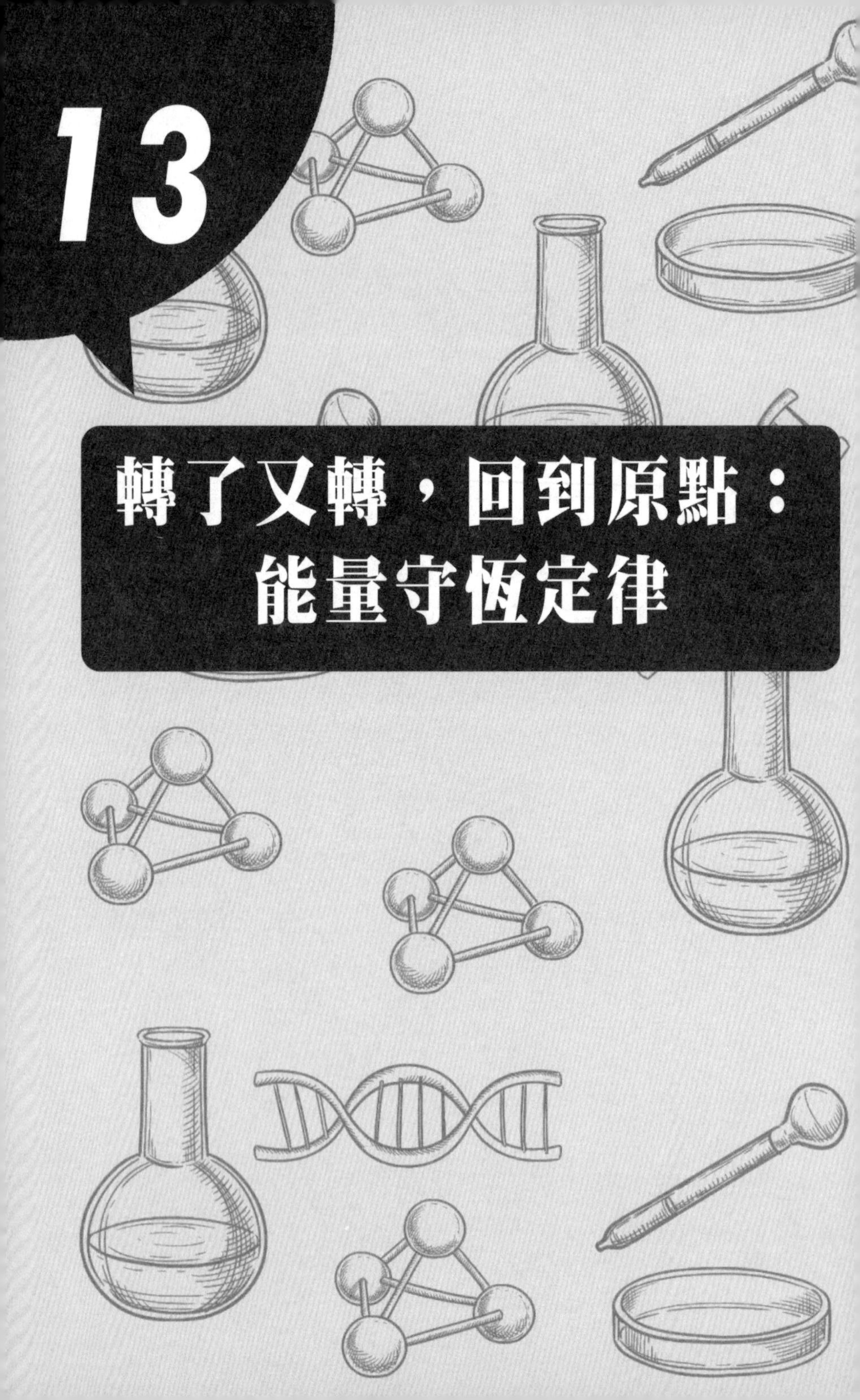
13
轉了又轉，回到原點：
能量守恆定律

讓世界運行的動力之源——能量

「人是鐵，飯是鋼，一頓不吃餓得慌！」媽媽催你吃飯的時候，是不是經常會這麼說？

人類每天都要吃飯，吃飯的過程就是補充能量的過程。有了能量，人才能運動、思考，做各式各樣的事情。

其實，不光是人體，汽車、飛機、電視、電腦等，所有物體的運動都需要能量，沒有能量，甚至地球都會停止轉動！想知道能量到底是什麼嗎，那就繼續往下看吧！

「地球會停止轉動？瘋子才這麼想。」很遺憾，這並不是一個瘋子的胡言亂語，而是一個事實。地球當然會停止轉動，你們地球上一切運動的物體都會停止轉動，只要缺少一樣東西——能量。如果能源衰竭的話，地球也就走到了生命的終點。

能量是世界運行的動力之源，是物質運動的一般度量，根據不同形式的運動，能量分為機械能、電能、化學能、原子能等。

不客氣地說，若沒有能量，人類什麼事情都做不了了。

那麼，能量又是從哪裡來的呢？向自然界提供能量轉化的物質，被稱為能源。

能源是人類活動的物質基礎，石油、煤炭、天然氣、風、太陽等都屬於能源。而石油、煤炭和天然氣等從地底下開採出的能源，被稱為化石燃料，是你們這個時代的主要能源。

2億年前，一隻恐龍失足落進水裡，它被淤泥掩埋在地底，逐漸變硬。漫長的幾百萬年過去了，它和數不清的恐龍骨架連同其他動植物一起，形成了沉積岩。再後來，人類從這些沉積岩中發現了它們。它們有些形成化石被發掘出來供人們參觀，有些則形成了煤炭、石油等化石燃料。

也許，你剛剛放進火爐的那塊煤炭，可能是恐龍的一個腳趾頭！用恐龍的腳趾頭去燒火，你真是太勇敢了！

什麼是「能源危機」

「能源危機」是指因為能源供應短缺或價格突然上漲而影響經濟的現象，其中涉及的能源通常指石油、電力或其他自然資源，目前受人關注的是石油危機。

經濟學家和科學家都認為，到本世紀中葉，也就是2050年左右，石油能源將會耗盡，價格會升到很高，如果到時候新的能源體系沒有建立，能源危機就會襲捲全球，尤其是極大依賴石油資源的發達國家。

為了應對能源危機，學者們主張減少對石油能源的依賴，深入研究這些可替代能源，包括燃料電池、甲醇、生物能、太陽能、潮汐能和風能等。

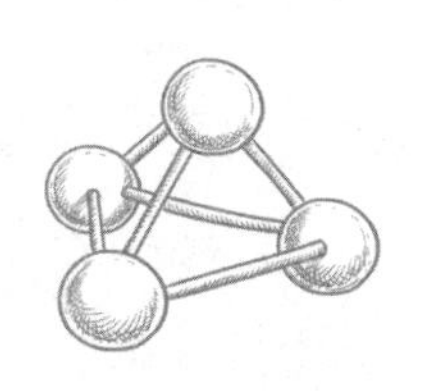

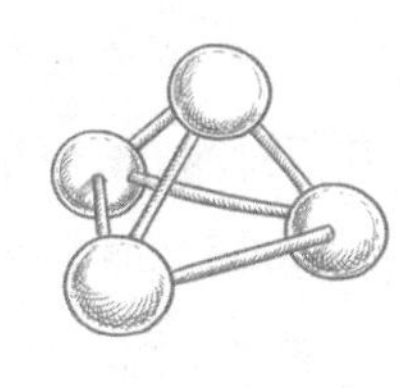

地球的能量庫裝在宇宙中

既然地球的正常運轉需要能量，那麼地球的能量庫在哪裡呢？其實，我們每天都能看見這個能量庫，它就是太陽。「太陽，給我力量！」不要以為這句話僅僅出現在動畫片中，事實上，地球上的每個人都可以這麼說。因為，地球上的所有能量，都來自於太陽。

太陽是怎樣給地球提供能量的呢？來看看吧：太陽可以讓空氣變熱，而熱空氣會向冷空氣流動，這就形成了風；水庫裡的水會在太陽的照耀下變成水蒸氣，而水蒸氣到了天空會形成雲彩，雲彩隨後會變成雨滴澆灌到大地上，形成各地的河流和湖泊。

再來看看動植物吧！你知道，食物中的營養物質是怎麼來的嗎？當然跟太陽有關。植物中存在一種光合作用，它們會把白天吸收到的太陽能儲存在葉綠素中，讓它跟二氧化碳和水結合製作成澱粉。

在這個過程中，植物還會向空氣中釋放大量氧氣。

而多數食肉動物，和人一樣，都是以植物和食草動物為食的，說到底，還是跟植物有關，當然也就跟太陽有關！而那些埋藏在地底的化石燃料，也是動植物形成的，照樣擺脫不了太陽的影響。現在你知道為什麼每個人都可以光明正大地說「太陽，給我力量」了吧？因為，真的是太陽在供給你力量啊！

給能源分門別類

按照產生方式，能源可以分為以下兩種：

一次能源：也叫天然能源。指的是自然界現成存在的能源，如煤炭、石油、天然氣、水能、生物能等。一次能源又分為可再生能源如水能、風能、生物質能及非再生能源如煤炭、石油、天然氣等，二次能源：指的是由一次能源直接或間接轉換成其他種類和形式的能量資源，如電力、煤氣、柴油、汽油、沼氣等。

工業革命有了新動力

19世紀的工業革命給人類社會帶來了深遠的影響，瓦特發明的蒸汽機就是這場偉大革命的開端。但是，這項發明竟然是受到小小的水壺蓋的啟發，到底是怎麼回事呢？

小時候，瓦特經常到廚房裡看祖母做飯，最讓他有興趣的是灶上燒著的那壺開水，每當水燒開時就呼呼地直冒蒸汽，壺蓋就不停地往上跳呀跳，發出「啪、啪、啪」的響聲。年幼的瓦特不解地問祖母這其中的原因：

「壺蓋為什麼跳動呢？」

「水開了就跳動，壺裡有蒸汽呀。」祖母笑了笑，告訴他。

瓦特還是不明白地問：「蒸汽怎麼會有這麼大的力？」

「這，這……我也不明白。你長大了就會明白。」說完，祖母又忙別的事情了。

可是，連續幾天，小瓦特都沒有忘記水壺裡蒸汽掀動壺蓋的事。

每當家人燒水做飯的時候，他就像著了迷一樣蹲在火爐旁邊仔細觀察，想弄個清楚。後來，他還把燒開的壺蓋拿起來——蓋上——又拿起來，一次又一次地試驗，試圖能從中找到答案。

18歲的瓦特，帶著「童年的不解之謎」，帶著對機械的熱愛，被格拉斯哥大學錄取，並成為教具製造員。

有一天，格拉斯哥大學送來了一台供教學用的紐可曼式蒸汽機。不知什麼地方出了故障導致機器不能正常運轉，讓瓦特修理。真是機會難得，瓦特立即專注的投入到這個工作中。

他將這台蒸汽機的每一個零件都拆下來，然後弄清它們的用途。就這樣，他很快找了這台機器的癥結，排除故障，使機器又恢復正常的運轉。

在這次修理工作中，他發現紐可曼蒸汽機的致命弱點：耗煤量太大，而且效率太低，其原因是這種蒸汽機是將汽缸和冷凝器放在一起的，因此蒸汽推動活塞上升後，用冷水冷卻時，不僅蒸汽冷凝了，汽缸和活塞也跟著一起冷卻了。

它產生的水蒸氣只有四分之一發揮作用，其餘四分之三的水蒸氣都白白浪費在汽缸和活塞的冷熱交替中。

分析到此處時，瓦特暗暗下決心一定要解決這個問題。

一天，瓦特在格拉斯哥大學的草坪上散步，忽然想出了解決問題的辦法：假如在汽筒的外邊安裝上一個保溫裝置，汽筒就不會冷卻而白白浪費熱量了。

回到實驗室，瓦特立即開始了廢寢忘食的工作，在汽缸外面單獨設置一個蒸汽冷凝器，這樣，蒸汽就可以在冷凝器中化成水，汽缸便不會冷卻，熱量就不會浪費。

經過無數次的實驗，排除了重重困難以後，瓦特終於研製出一種帶有單獨冷凝器的蒸汽機。

1769年，瓦特又把原先發明的蒸汽機改造成為發動力更大的單動式發動機，並獲得專利。1782年，他又完成了「雙動式蒸汽機」的專利。

後來蒸汽機已經在全世界廣泛應用。蒸汽機的發明，加上英國當時的煉鐵工業發達，使人類正式進入到「蒸汽時代」。

物·理·碰·碰·車

好奇+探索=創造

瓦特用水壺燒水，看到水燒開後壺蓋會被水蒸氣推動而上上下下地跳動。

這原本是一件非常平常的事情，但是，他卻對這個平常的自然現象產生了濃厚的興趣，一直都不曾忘記，在很小的時候就在心中種下了發明創造的種子。

成為蒸汽機之父之後，他曾經說過自己的成就來自於一個公式：「好奇+探索＝創造」。相信這個公式對我們做小創作和小發明時也很有啟發吧？

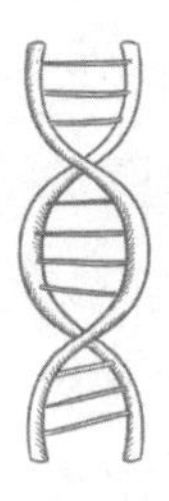

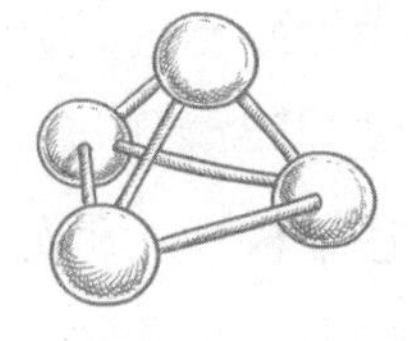

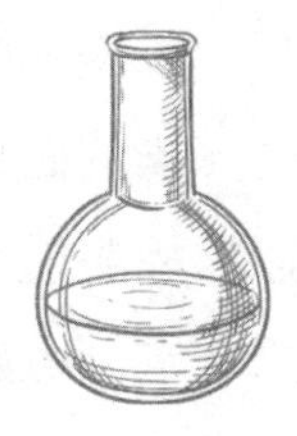

摩托車的誕生

日常生活中，摩托車是我們經常使用的交通工具，有著自行車的苗條身材和汽車的澎湃動力，讓我們來瞭解一下世界上第一輛摩托車是怎麼誕生的。

德國人戴姆勒由於家境貧寒，10歲那年，他就到一家機床廠去工作。他非常開心，因為他有機會接觸機器了。雖然只是做些粗活，但他從不埋怨。工作中，戴姆勒深深感到自己的知識水準太低，他想到學校去學習基礎知識。23歲那年，他如願以償地考入斯圖加特工業學校。在學校裡，他如饑似渴地學習課內外的文化知識，同時也為他以後走上發明之路打下了良好基礎。

畢業後，戴姆勒便在一家機械製造公司找到一份工作。他並不滿足於工廠裡安排的簡單重複性的工作。他認為，人生最大的快樂在於發明創造，他尋找目標要為機械發展史上寫下精彩的一筆。戴姆勒注意到當時的一個現象：當時街上行駛的汽車都是採用瓦特發明的蒸汽機，以煤炭為燃料。這種汽車行駛時煙霧彌漫、速度緩慢。他想，要是能改變一下汽車的「心臟」——動力裝置，那就太有意義了。不久，他經人介紹，在他之前，早就有一位名叫奧托的人開始這方面的研究，並研製出了壓縮式內燃機。戴姆勒聽後，興奮不已。他向別人打聽到奧托的住址後，便直奔而去。

見到他後，戴姆勒把自己的想法告訴了他，兩個年輕人只恨相見太晚，談得十分投入。他邀戴姆勒加入到自己的研究隊伍，並請戴姆勒擔任德意志煤氣內燃機製造廠的技術指導。戴姆勒欣然接受了邀請，兩個年輕人的手緊緊地握在一起。

1876年，奧托研製出了四行程內燃機，在當時，它「出盡了風頭」。然而，戴姆勒心裡明白，這種內燃機還無法在實際中應用，因為它的效率很低。為了集中精力研製內燃機，戴姆勒離開了德意志煤氣內燃機製造廠，自己組織了一個專門研究內燃機的機構。有志者事竟成，1883年，戴姆勒發明了一種熱管點火式汽油內燃機。同年12月16日，這種內燃機獲得了專利。在此基礎上，戴姆勒於1885年製成了直立式汽油內燃機。

戴姆勒的兒子鮑爾・戴姆勒是一位自行車騎手，他有一輛心愛的木製自行車。看到父親研製出體積小、效率高的內燃機，便向父親建議道：「爸，您發明的內燃機可以裝到我的車上嗎？」「行啊，我想沒問題。」父

親回答道。於是，戴姆勒就將直立汽油內燃機裝在自行車上，並裝上兩擋變速器。世界上第一輛摩托車就這樣誕生了。

摩托車的發展史

1876年德國人奧托發明了汽油機，為摩托車的發展提供了動力源。戴姆勒在其基礎上進行了改進。

1885年，他把經過改進的汽油機裝在兩輪車上，便製成了世界上第一輛用汽油機驅動的摩托車，取名為「單軌道號」，時速為12km／h。並於同年獲得專利，取得發明優先權。

19世紀末到20世紀初，是摩托車工業崛起的青春時期。第二次世界大戰以後，摩托車又在日本得到了更迅速的發展。本田、鈴木、山葉、川崎四大摩托車公司，就是戰後發展起來的，稱為「世界摩托車之冠」。

發現能量守恆的兩個「瘋子」

能量守恆定律是自然科學中非常重要的基本理論之一，發現這個定律的竟然是兩個「瘋子」！

第一個「瘋子」叫邁爾，是個德國醫生。1840年，他發現了一個奇怪現象：印度人的血是鮮紅色的，而德國人的血是黑紅色的。這太奇怪了？人的血液顏色怎會不一樣？邁爾決心查個清楚。最終，他發現了能量的轉化鏈條：人體的熱量來源於食物，食物中的熱量來源於太陽，而太陽的熱量，來源自它自身的燃燒。這說明，能量是不會消失的，它只會在不同種類的能量間相互轉化。這原本是個突破性的發現，但當時卻得不到人們的理解，大家認為邁爾是個「瘋子」。就連他的家人也不理解他，還將他送到了精神病院。當然，在精神病院待了8年後，他才徹底洗刷了「瘋子」的嫌疑，獲得了該有的榮譽。

另一個「瘋子」是焦耳。跟邁爾一樣，焦耳經過無數次實驗和論證，也證實了能量是守恆的，但同樣沒人相信這一點。人們也把他當做瘋子，並嘲笑謾罵。當然，最終，他也得到了世人的理解和稱讚。大家總是喜歡把那些發表怪異言論的人當做「瘋子」，但實際上，有時正是這些「瘋子」，推動了人類社會的進步！

能量守恆定律

能量守恆定律是這樣描述的：能量既不會憑空產生，也不會憑空消失，只能從一種形式轉化為別的形式，或者從一個物體轉移到另一個物體，在轉化或轉移的過程中，其總量不變。

比如，物體從高空中落下的時候，它所具有的重力勢能最終轉化為動能和內能；火箭升空的時候，火箭燃料的內能轉化為火箭的動能、火箭的勢能以及火箭的內能。

雖然那能量守恆定律看起來很簡單，但是總結它的過程卻很複雜。它是由5個國家、各種不同職業的10餘位科學家從不同角度獨立發現的。其中邁爾、焦耳是最重要的貢獻者。

能量是個「變臉王」

根據前面提到的能量守恆定律，大到宇宙中的天體，小到原子核內部，只要存在能量轉化，就都服從這個規律。

對地球上的人而言，從人們的日常生活，到科學研究、工程技術，這個規律也都發揮著重要作用。可以說，人類對各種能量，如煤、石油等燃料及水能、風能等的利用，都離不開能量守恆定律。

那麼，各式各樣的能量之間是如何轉化的呢？能量是如何從這張臉變成那張臉的？

要瞭解能量，首先要知道做功的概念。做功，就是能量由一種形式轉化為另一種的形式的過程。專業的定義是：當一個力作用在物體上，並且使物體在力的方向上透過了一段距離，就說這個力對物體做了功。

也就是說，能量具有可以做功的本領，一旦一個物體做功了，那麼它就具有了能量。

你一定知道大力水手吧？吃完菠菜的大力水手，變得力大無窮，能舉起很重的物品。這恰好可以說明能量跟做功的關係：做功就像一個大力水手舉起了重物。

如果你還是不太明白，那麼我們選擇一個很常見的行為來分析一下吧！這個動作就是撿起瓶子。當你撿起瓶子的時候，你就對瓶子施加了一個力，然後瓶子沿著這個力的方向通過了一段距離，此時我們的手就做功了！這就是我們的能量在發揮作用！此時你消耗了身體的能量，但是此時瓶子由於距離地面有了一定距離，具有重力勢能，也就是說你身體內的能量轉化成了瓶子的重力勢能。

當然，生活中很多物體都具有做功的本領，也就是具有能量。例如，從高處落下而做功的物體，具有的能量叫做勢能；運動的物體在做功，具有的是動能；高溫的水蒸氣做功，具有的是熱能；而煤炭或石油等燃料具有化學能，等等。

總之，能量無時無刻不在改變自己的面容，但是它永遠也不會消失。

「躺著也中槍」中的能量分析

電影中經常有這樣的場景：舉行重大慶典時，人們會向著天空鳴禮炮。

其實，這裡也存在能量轉化。出膛的子彈在上升的過程中，動能會慢慢變成勢能，當它開始往下落的時候，勢能又會開始轉化成動能。雖然空氣的阻力會讓子彈的速度減慢，但是如果你被掉下來的子彈擊中，還是會受傷甚至死亡的。

因為空氣中阻力並不足以消耗掉子彈所具有的能量，只要它具有能量，子彈就有傷人的可能。所以朝天鳴槍也是很危險的行為，很可能躺著也中槍哦！

▶ 不用做實驗就能知道的趣味物理故事 （讀品讀者回函卡）

■ 謝謝您購買這本書，請詳細填寫本卡各欄後寄回，我們每月將抽選一百名回函讀者寄出精美禮物，並享有生日當月購書優惠！
想知道更多更即時的消息，請搜尋"永續圖書粉絲團"

■ 您也可以使用傳真或是掃描圖檔寄回公司信箱，謝謝。
傳真電話：（02）8647-3660 信箱：yungjiuh@ms45.hinet.net

◆ 姓名：＿＿＿＿＿＿＿＿ □男 □女 □單身 □已婚

◆ 生日：＿＿＿＿＿＿＿＿ □非會員 □已是會員

◆ **E-mail**：＿＿＿＿＿＿＿＿ 電話：(　)＿＿＿＿

◆ 地址：＿＿＿＿＿＿＿＿＿＿＿＿

◆ 學歷：□高中以下 □專科或大學 □研究所以上 □其他＿＿＿＿

◆ 職業：□學生 □資訊 □製造 □行銷 □服務 □金融
□傳播 □公教 □軍警 □自由 □家管 □其他＿＿＿＿

◆ 閱讀嗜好：□兩性 □心理 □勵志 □傳記 □文學 □健康
□財經 □企管 □行銷 □休閒 □小說 □其他

◆ 您平均一年購書：□ 5本以下 □ 6～10本 □ 11～20本
□21～30本以下 □ 30本以上

◆ 購買此書的金額：＿＿＿＿＿＿

◆ 購自：□連鎖書店 □一般書局 □量販店 □超商 □書展
□郵購 □網路訂購 □ 其他

◆ 您購買此書的原因：□書名 □作者 □內容 □封面
□版面設計 □其他

◆ 建議改進：□內容 □封面 □版面設計 □其他＿＿＿＿

您的建議：

廣告回信
基隆郵局登記證
基隆廣字第 55 號

新北市汐止區大同路三段 194 號 9 樓之 1

讀品文化事業有限公司 收

電話/(02)8647-3663 傳真/(02)8647-3660

劃撥帳號/18669219 永續圖書有限公司

請沿此虛線對折免貼郵票或以傳真、掃描方式寄回本公司，謝謝！

讀好書品嚐人生的美味

不用做實驗就能知道的趣味物理故事